# 食品分析实验指导

李和生　主编

科　学　出　版　社
北　京

## 内 容 简 介

本书内容包括食品分析实验室的基本知识，以及食品中的营养成分、食品添加剂、食品中的有害成分、食品中的农药残留物、食品的卫生指标、食品中的辅料等方面的测定。选编了食品分析中有代表性的实验，强调对学生基本理论、基本知识和基本技能的训练。实验方法上既有常规的化学方法，也加强了仪器分析方法的介绍，强调实用性和先进性结合。同时设计了一些提高性和研究性实验，注重对学生的知识和能力进行全面的综合培养。

本书适合高等院校食品科学与工程、食品质量与安全、食品检验等相关专业的本、专科生使用，也可作为食品检验检测等相关领域专业人员的参考书。

**图书在版编目(CIP)数据**

食品分析实验指导/李和生主编. —北京：科学出版社，2012.1
ISBN 978-7-03-032792-5

Ⅰ. ①食… Ⅱ. ①李… Ⅲ. ①食品分析-高等学校-教材 ②食品检验-高等学校-教材 Ⅳ. ①TS207.3

中国版本图书馆 CIP 数据核字(2011)第 231459 号

责任编辑：朱 灵 / 责任校对：谭宏宇
责任印制：黄晓鸣 / 封面设计：殷 靓

科学出版社 出版
北京东黄城根北街 16 号
邮政编码：100717
http://www.sciencep.com
广东虎彩云印刷有限公司印刷
科学出版社发行 各地新华书店经销

*

2012 年 1 月第 一 版 开本：B5(720×1000)
2023 年 1 月第十一次印刷 印张：9
字数：168 000

**定价：36.00 元**

# 前　　言

近年来，食品质量与安全问题越来越受到全社会广泛的关注。食品分析是食品加工企业质量保证的重要手段之一，通过对食品生产中的原料、辅助材料、半成品、成品、副产品、最终产品等进行检验，起到了保证和监督食品质量的重要作用。随着国家和人民群众对食品的要求越来越高，食品分析与检测得到了前所未有的重视，国家的食品检验标准每年都在不断地增列和修订。国内各高校加大了实验室建设，实验室的分析仪器设备有了较大改善，现代分析仪器使用的比例正在增加。各高校对实验教学也愈加重视，《食品分析实验》课程逐渐从食品分析理论课中剥离，进行了独立设置。《食品分析实验》是食品科学与工程、食品质量与安全、食品检验等专业非常重要的专业基础课。通过实验课的教学，使学生的基本实验技能得到训练，综合素质得到提高。

全书共分九章，编写了50个实验项目，内容包括食品分析实验室的基本知识，以及食品中的营养成分、食品添加剂、食品中的有害成分、食品中的农药残留物、食品的卫生指标、食品中的辅料等的测定。选编了食品分析中有代表性的实验，强调对学生基本理论、基本知识和基本技能的训练。从方法上既有常规的化学方法，也加强了仪器分析方法的介绍，强调实用性和先进性结合。同时设计了一些提高性和研究性实验，注重对学生进行全面知识和能力的综合培养。各校可根据自己的实际情况对实验进行选做。

本书是作者根据自己多年的教学积累，同时以中华人民共和国国家标准“食品卫生检验方法”等为基础，参考了其他资料，尽可能地体现本书与国内外食品分析的发展同步。但由于编者水平有限和时间所限，书中不妥之处在所难免，恳请同行和读者批评指正。

感谢张丽媛、雷静、孙楠楠等研究生对本书资料收集和编写提供的帮助。

编者

2011年9月

# 目　　录

# 第一章　食品分析实验室的基本知识

## 第一节　实验基本要求及实验室安全知识

食品分析实验室是进行实验操作的重要场所，凡进入实验室的人员必须认真学习实验室安全知识，增强安全意识，预防事故发生。

### 一、基本要求

1．实验前

实验人员须认真做好预习。熟悉仪器、设备的性能和使用方法，明确实验目的、原理、操作主要步骤及注意事项。

实验前，应熟悉消防器材的存放地点和使用方法。遇到意外事故，应立即采取相应措施处理。

2．实验过程中

（1）自觉遵守实验室规则，禁止实验室打闹、喧哗及做与实验无关的事情，保持实验室整洁、安静、有序。实验室严禁饮食、吸烟，一切化学药品禁止入口。实验完毕应洗手。

（2）必须按规定要求进行操作。凡进行有危险性的实验，实验人员应先检查防护措施，实验过程中操作人员不得擅自离开。

（3）实验过程中产生的有毒有害的废液或废物应集中处理，不得任意排放或流入下水道。

（4）爱护仪器，节约试剂。器材破损自觉报告实验室人员，填写器材破损单。

（5）出现异常情况，应及时报告教师，避免发生意外事故。

（6）认真记录和思考。对实验数据及时地做好记录，对实验过程中出现的现象进行认真地思考。

3．实验结束后

清洗整理仪器，应将试剂、仪器放回原处。并整理好实验台面。注意关好水、电和气路开关。经指导老师检查后方能离开实验室。根据原始记录，对实验所得结果和数据及时整理、计算、分析，重视总结实验中的经验教训，认真写好实验报告。

### 二、实验室常见危险的预防和处理

1．火灾

严禁携带与实验无关的易燃易爆物品进入实验室。实验室内使用的易燃易爆化学危险物品应随用随领，不能在实验室内积存。

若发生火灾，切勿惊慌失措，一方面要向周围人员发出火警信号，对于严重的火灾要及时拨打报警电话，另一方面要采取适当的措施将损失降到最小。灭火时，首先要切断电源，快速移去附近的可燃物质，关闭通风装置，不随便打开门窗。火势较大时，应合理使用灭火器。如二氧化碳灭火器，可用于扑救电器、油类和酸类火灾，不能扑救钾、钠、镁、铝等物质的火灾；泡沫灭火器，适用于有机溶剂、油类着火，不宜用于扑救电器火灾；干粉灭火器，适用于扑灭油类、有机物、遇水燃烧物质等火灾。

如果火势蔓延的区域太大而无法迅速地扑灭，所有人应立即撤离。

2. 触电

预防触电事故首先要确保电器设备不漏电，并加装各种安全保护装置与设施。电器用具要在保持清洁、干燥和良好的情况下使用，切勿带水启动电源开关、触摸电器用具。严格遵守电器操作规程，熟悉操作方法。电器使用完毕应切断电源。

遇到触电事故，应立即关闭电源，或用绝缘材料挑开电源线。触电者脱离电源后，应迅速将其移到通风干燥的地方仰卧，检查伤员呼吸和心跳，若呼吸停止，应立即进行人工呼吸和心脏按压等急救措施，并报警呼救。

3. 危险化学品

使用化学药品前，要充分了解该药品的化学性质，明确其毒性，做好防护准备。轻拿轻放化学试剂。

使用铬酸洗液、浓酸、浓碱等具有强腐蚀性的试剂时，切勿溅在皮肤和衣服上。实验中碰到有浓酸、有毒或有刺激性的气、液体等情况时，应在通风橱内操作。有毒化学试剂不得和其他种类物品共同放置，使用时必须佩戴个人防护器具，实验应在通风橱中操作，产生的废弃物应妥善保管，并集中处理。

用试管加热液体时，试管口不能对人。不可俯视正加热的容器。

若腐蚀性化学药品引起烧伤，应及时用大量清水冲洗皮肤，或用适合于消除这类化学药品的特种试剂涂擦受伤皮肤。对于有毒气体引发的事故，应立即将伤者转移到通风处，等待医护人员治疗。

4. 机械伤害

机械操作主要来自玻璃割伤，有时也会受金属钝器碰伤。

由于玻璃仪器的使用和操作不当，如切割玻璃管或玻璃棒，将玻璃管插入橡皮管或橡皮塞，装配或拆玻璃仪器不规范等，都可能使玻璃仪器破损，致使玻璃碎片割伤手指。

在切割玻管或玻棒时，要严格按照规程进行操作（可参考有关资料中玻璃的简单加工）。玻璃或玻璃棒的截断面，使用前，一定要熔烧圆滑。

玻璃管插入皮管或皮塞孔隙时，要正确选择皮管的口径向钻孔器的口径（以略小玻管的口径为宜），然后用水或甘油浸湿皮管或橡皮塞孔隙的内部，将玻管轻轻地转动，慢慢插入，切忌用力过猛。必要时，带上线手套，或用手巾垫着操作。

玻璃碎片有散落在实验桌或地上时，要及时并仔细清理干净。

装配或拆卸仪器时，要防备支管连接处和玻璃器皿的破损，尤其在拆卸时更要小心，以防玻璃碎片上的化学污物进入伤口，使伤情复杂化。

如果发生割伤，若伤口不大，出血不多，小心除去伤口的玻璃碎片，用温水与医用双氧水（过氧化氢），以 1∶1 混合擦洗伤口，再涂以碘酒，用纱布包扎或用“创可贴”直接敷贴；如伤势较重，出血较多，应紧压伤口上部或血管止血，及时送医院医治。其他如锐器刺伤或钝器碰伤等机械损伤，也可按此法进行处理。

### 三、实验室的废弃物处理

实验中经常要用大量的化学药品，而且很多药品有一定毒性、腐蚀性，有的甚至是剧毒物和致癌物。实验室产生的废液也较多，所含污染物成分较为复杂，有酸碱，有毒有害的有机物、无机物以及重金属。这些药品或废液如不加处理直接丢弃到垃圾场或排放到下水道中，将对环境造成很大污染，直接或间接危害人们的健康，其后果十分严重。因此，实验室中产生的废液要进行分类、回收。运送到有关部门进行统一集中处理。

## 第二节　常用试剂的配制

实验中，除特别注明外，所用试剂皆为分析纯，水为去离子水或蒸馏水。未指明溶液用何种溶剂配制时，均指水溶液。未指明具体浓度的硫酸、硝酸、盐酸、氨水时，均指市售试剂规格的浓度。液体的滴系指蒸馏水自标准滴管流下的一滴的量，在 20℃时 20 滴相当于 1.0 ml。

### 一、配置过程中应该注意的问题

1. 配制溶液的方法应该根据具体情况来选择。定量分析用的标准滴定溶液，须精确配制；如果只作为控制反应条件和一般使用的近似浓度溶液，则只要粗略配制。这样，既能保证实验质量，又能节约时间。一般定量分析实验用的蒸馏水，用去离子水或符合指定要求的蒸馏水。

2. 配制试剂时，应预先估计需要数量，不要多配或少配，以免浪费或多次配制而浪费时间。对于不稳定的试剂，要现配现用。试剂用多少取多少。一经取出，不得放回原瓶，以免玷污。已经取出而不能用完的试剂，可另行保存。

3. 取试剂用的角匙、量筒和称取试剂用的器皿等都应保持干燥、清洁，以免影响试剂的组成和纯度。绝不能用刀或钢铁器具取用酸性或强碱性试剂。量取液体，应该选用适当的量器。量取准确体积的液体，应用移液管、滴定管、容量瓶，量取大略体积的液体时用量筒即可。

4. 取固体试剂时，可将试剂瓶倾斜，边转动边往外倒出。若使用角匙，每一种试剂要换一把角匙。量取液体试剂时，应将移液管外部擦干，先吸取少量待装溶液洗涤移液管 2～3 次，再量取溶液。

5. 配好的溶液不要存放在容量瓶中，应贮存在相应试剂瓶中。试剂瓶应预先用少量待装溶液洗涤 2～3 次，并随即贴上标签，标明名称、浓度、纯度和配制日期。

## 二、溶液浓度的表示

1. 物质的量浓度 $c_B$

定义为单位体积中所含溶质 B 的物质的量。符号为 $c_B$。计量单位为"$mol/m^3$"及其倍数；实验室中常用的单位是"mol/L"或"$mol/dm^3$"。

2. 质量浓度 $\rho_B$

定义为作为溶质的物质的质量除以混合物（即溶液）体积。符号为 $\rho_B$。B 代表作为溶质的物质。计量单位为"$kg/m^3$"、"kg/L"（$1\ kg/L = 10^3\ kg/m^3 = 1\ kg/dm^3$）；实验室常用"g/L"、"mg/L"、"mg/ml"、"μg/ml"等。

3. 质量分数 $\omega_B$

定义为溶液中溶质的质量与溶液的质量之比。符号是 $\omega_B$。它是无量纲量，可以用"%"符号表示它的单位为"1"的浓度值。

4. 体积分数 $\varphi_B$

定义为溶液中溶质体积与溶液体积之比。符号是 $\varphi_B$。它是无量纲量，可用"%"符号表示其单位为"1"的浓度值。

5. 体积比浓度 $V_1+V_2$

表示两种或两种以上溶液或液体相混成为另一溶液的浓度表示法，被混合者均以体积表示。常用于两种液体混合配制溶液。例如，1 体积浓盐酸与 2 体积水混合成的溶液表示为：HCl(1+2)。

## 三、几种常用试剂的配制与标定

1. 1 mol/L 盐酸标准溶液

(1) 配制

盐酸标准滴定溶液〔$c$(HCl)=1 mol/L〕：量取 90 ml 盐酸，加水稀释至1 000 ml。

溴甲酚绿-甲基红混合指示液：量取 30 ml 溴甲酚绿乙醇溶液(2g/L)，加入 20 ml 甲基红乙醇溶液(1 g/L)，混匀。

(2) 标定

准确称取约 1.9 g 于 270～300℃干燥至恒重的基准试剂无水碳酸钠，加 50 ml 水后再滴加 10 滴溴甲酚绿-甲基红指示剂，用 1 mol/L 的盐酸溶液滴定至溶液由绿色变为暗红色，煮沸 2 min，冷却至室温，继续滴定溶液至暗红色，同时作空白试验。

（3）计算

$$c=\frac{m\times 1\,000}{(V_1-V_0)\times M}$$

式中，$c$——盐酸标准滴定液的实际浓度，mol/L；

$m$——基准无水碳酸钠的质量，g；

$V_1$——盐酸标准溶液的用量，ml；

$V_0$——空白实验中盐酸标准溶液用量，ml；

$M$——无水碳酸钠的摩尔质量[$M(1/2Na_2CO_3)=52.994$]，g/mol。

2. 1 mol/L 硫酸标准液

（1）配制：量取 30 ml 硫酸，缓缓注入适量的水中，冷却至室温后用水稀释至 1 000 ml，混匀。

（2）标定：同上述盐酸标准液的标定。

（3）计算

$$c\left(\frac{1}{2}H_2SO_4\right)=\frac{m\times 1\,000}{(V_1-V_0)\times M}$$

式中，$c(1/2H_2SO_4)$——硫酸标准滴定溶液的实际浓度，mol/L；

$m$——基准无水碳酸钠的质量，g；

$V_1$——硫酸标准滴定溶液用量，ml；

$V_0$——试剂空白试验中硫酸标准滴定溶液用量，ml；

$M$——无水碳酸钠的摩尔质量[$M(1/2Na_2CO_3)=52.994$]，g/mol。

3. 1 mol/L 氢氧化钠标准溶液

（1）配制

氢氧化钠标准滴定溶液〔$c(NaOH)=1$ mol/L〕：称取 110 g 氢氧化钠，溶于 100 ml 无二氧化碳的水中，摇匀，注入聚乙烯容器中，密闭放置至溶液清亮。吸取上层清液 54 ml，用无二氧化碳的水稀释至 1 000 ml，摇匀。

酚酞指示液：称取酚酞 1 g，溶于适量乙醇中再稀释至 100 ml。

（2）标定

准确称取于 105～110℃ 电烘箱中干燥至恒重的基准试剂邻苯二甲酸氢钾 7.5 g，加 80 ml 无二氧化碳的水溶解，加 2 滴酚酞指示液（10 g/L），用配制好的氢氧化钠溶液滴定至溶液呈粉红色，并保持 30 s。同时做空白试验。

（3）计算

$$c=\frac{m\times 1\,000}{(V_1-V_0)\times M}$$

式中，$c$——氢氧化钠标准滴定溶液的实际浓度，mol/L；

$m$——基准邻苯二甲酸氢钾的质量，g；

$V_1$——氢氧化钠标准滴定溶液用量，ml；

$V_0$——空白试验中氢氧化钠标准滴定溶液用量，ml；

$M$——邻苯二甲酸氢钾的摩尔质量[$M(KHC_8H_4O_4)=204.22$]，g/mol。

4. 0.1 mol/L 硫代硫酸钠标准液

(1) 配制

称取 26 g $Na_2S_2O_3\cdot 5H_2O$(或 16 g 无水硫代硫酸钠)及 0.2 g 碳酸钠加入适量新煮沸过的冷水使之溶解，并稀释至 1 000 ml，放置一个月后过滤备用。

淀粉指示液(10 g/L)：称取 1 g 可溶性淀粉，加入约 5 ml 水使其成糊状，在搅拌下将糊状物加到 90 ml 沸腾的水中，煮沸 2 min，放冷，稀释至 100 ml。此指示液应临用时配制。

硫酸(2+8)：吸取 20 ml 硫酸，慢慢倒入 80 ml 水中。

(2) 标定

准确称取 0.18 g 于 120℃干燥至恒重的基准试剂 $K_2Cr_2O_7$，置于 500 ml 碘量瓶中，加入 25 ml 水使之溶解。加入 2 g KI 固体及 20 ml 硫酸溶液(2+8)，密塞、摇匀，放置暗处 10 min 后用 150 ml 水稀释。用硫代硫酸钠标准液滴定至浅黄色，加入 2 ml 淀粉指示液(10 g/L)，继续滴定至溶液由蓝色变为亮绿色为终点。同时做空白试验。

(3) 计算

$$c=\frac{m\times 1\,000}{(V_1-V_0)\times M}$$

式中，$c$——硫代硫酸钠标准滴定液的实际浓度，mol/L；

$m$——基准重铬酸钾的质量，g；

$V_1$——硫代硫酸钠标准溶液用量，ml；

$V_0$——空白实验中硫代硫酸钠标准溶液用量，ml；

$M$——重铬酸钾的摩尔质量[$M(1/6K_2Cr_2O_7)=49.031$]，g/mol。

5. 1%酚酞指示剂

称取酚酞 1 g 溶于适量乙醇，再稀释至 100 ml。

6. 1%淀粉指示剂

称取 1 g 可溶性淀粉，加入约 5 ml 水使其成糊状，在搅拌下将糊状物加到 90 ml沸腾的水中，煮沸 2 min，放冷，稀释至 100 ml。此指示液应临用时配制。

7. 常用洗涤液

(1) 重铬酸钾-浓硫酸溶液(100 g/L)(洗液)

称取化学纯重铬酸钾 100 g 于烧杯中，加入 100 ml 水，微加热，使其溶解。把烧杯放于水盆中冷却后，慢慢加入化学纯硫酸，边加边用玻璃棒搅动，防止硫酸溅出，开始有沉淀析出，硫酸加到一定量沉淀可溶解，加硫酸至溶液总体积为1 000 ml。

该洗液是强氧化剂，但氧化作用比较慢，直接接触器皿数分钟至数小时才有作用，取出后要用自来水充分冲洗 7～10 次，最后用纯水淋洗 3 次。

（2）肥皂洗涤液、碱洗涤液、合成洗涤剂洗涤液

配制一定浓度，主要用于油脂和有机物的洗涤。

## 四、常见酸碱浓度

**表 1－1　常用酸碱浓度（市售）**

| 试剂名称 | 相对分子质量 | 含量（%）（质量分数） | 相对密度 | 浓度（mol/L） |
|---|---|---|---|---|
| 冰醋酸（$CH_3COOH$） | 60.05 | 99.5 | 1.05（约） | 17 |
| 乙酸（$CH_3COOH$） | 60.05 | 36 | 1.04 | 6.3 |
| 甲酸（HCOOH） | 46.02 | 90 | 1.20 | 23 |
| 盐酸（HCl） | 36.5 | 36～38 | 1.18（约） | 12 |
| 硝酸（$HNO_3$） | 63.02 | 65～68 | 1.4 | 16 |
| 高氯酸（$HClO_4$） | 100.5 | 70 | 1.67 | 12 |
| 磷酸（$H_3PO_4$） | 98.0 | 85 | 1.70 | 15 |
| 硫酸（$H_2SO_4$） | 98.1 | 96～98 | 1.84（约） | 18 |
| 氨水（$NH_3 \cdot H_2O$） | 17.0 | 25～28 | 0.8～8（约） | 15 |

# 第三节　实验数据的处理

## 一、有效数字的处理

食品分析与检验中直接或间接测定的量，一般都用数字表示，但它与数学中的“数”不同，而仅仅表示量度的近似值。因此测量数据的准确度取决于有效数字的位数，而有效数字的位数反映仪器仪表的准确度和存在疑问的数字位置。

1. 已知数的有效数字位数。

判别已知数的有效数字位数时，应特别注意区别“0”是否为有效数字，当整数部分为“0”时，紧接在小数点后的 0 仅用来确定小数点的位置，并不作为有效数字。例如 0.000 15 g 的有效数字位数为 2 位；0.150 g 中的有效数字位数为 3 位；$3.50 \times 10^2$ mm，则表示有效数字为 3 位；如写成 $3.5 \times 10^2$ mm，则表示有效数字为 2 位，其余类推。

2. 测量数据的有效数字位数

记录测量数据时，只保留一位可疑数字。例如，一滴定管的最小刻度为

0.1 ml，则读数只能读到小数点后第二位，当读数为 23.36，其意义为十位数为 2，个位数上为 3，十分位上为 3，百分位上为 6，其中百分位是估计值，上下可能有正负一个单位出入，是不准确的或可疑的，而其前边各数所代表的数值则均为准确测量的。通常测量时，一般可估计到最小刻度的十分位，故在记录数量时，只应保留 1 位不准确数字，其余数均为准确数字。此时所记的数字均为有效数字。

3. 运算规则

加减法计算的结果，其小数点以后保留的位数，应与参加运算各数中小数点后位数最少的相同。乘除法计算的结果，其有效数字保留的位数，应与参加运算各数中有效数字位数最少的相同。复杂运算时，其中间过程多保留一位有效数，最后结果须取应有的位数。方法测定中按其仪器精度确定了有效数的位数后，先进行运算，运算后的数值再修约。

4. 数字修约规则

拟舍弃的数字（运算中舍去多余数字）通常采用"四舍六入五留双"法。即凡末位有效数字后面的第一位数大于 5，则在其前一位上增加 1，小于 5 则舍去，等于 5 时，如前一位为奇数，则增加 1；如前一位为偶数则舍去。例如，对 27.023 5 取四位有效数字时，结果为 27.02；取五位有效数字时，结果为 27.024。但将 27.015 与 27.025 取为四位有效数字时，则都为 27.02。在拟舍弃的数字，若为两位以上数字时，不得连续进行多次修约，应根据所拟舍弃数字中左边第一个数字的大小，按上述规定一次修约。例如：将 15.454 6 修约成整数。修约后应为 15，不正确的做法是连续进行多次修约：一次修约为 15.455，二次修约为 15.46，三次修约为 15.5，四次修约（最终结果）为 16。

## 二、可疑数据的检验和取舍

分析测定中常常有个别数据与其他数据相差较大，称为可疑数据（或称离群值、异常值）。对于由明显原因造成的可疑数据，如读错、记错、仪器工作条件异常、工作环境条件异常或有人为的其他过失存在等，应予舍去。但是对于找不出充分理由的可疑数据，则应慎重处理，应借助数理统计方法进行数据评价判断后再行取舍。在食品分析中，常采用 Q 检验法、Dixon 检验法、Grubbs 检验法等进行数据评判与取舍，其中，最常用和最简单的是 Q 检验法。

Q 检验法（Q-test），是一种简便易行的异常数据取舍的统计判别法，适用于测定次数 3～10 次，且只有一个可疑值的情况。Q 检验法检验步骤如下：

① 排序：实验中测得一组数据，将所用的数据按从小到大顺序排列为：$X_1 \leqslant X_2 \leqslant X_3 \cdots\cdots \leqslant X_{n-1} \leqslant X_n$。可能的异常数据必然出现在两端，即 $X_1$ 或 $X_n$，为了检验可疑值 $X_1$ 或者 $X_n$，计算 $Q$ 值。

② 计算：按下面的公式计算 $Q$ 值。

检验 $X_1$ 时，$Q=\dfrac{X_2-X_1}{X_n-X_1}$　　检验 $X_n$ 时，$Q=\dfrac{X_n-X_{n-1}}{X_n-X_1}$

③ 查表：食品分析中置信度通常为90%。根据测量次数 $n$，查出 $Q$ 值（表1-2）。

**表1-2　$Q$ 值表**

| 测量次数 $n$ | $Q_{0.90}$ |
|---|---|
| 3 | 0.94 |
| 4 | 0.76 |
| 5 | 0.64 |
| 6 | 0.56 |
| 7 | 0.51 |
| 8 | 0.47 |
| 9 | 0.44 |
| 10 | 0.41 |

④ 判断：$Q$ 值越大，测定数据 $X_{疑}$ 离群越远，远到一定程度就需舍弃。

如 $Q \geqslant Q_{0.90}$，则可疑数据被舍弃；否则 $Q < Q_{0.90}$，则可疑数据被保留；

例如：测得某食品样品中脂肪的质量百分数为：1.82%，1.75%，1.83%，1.85%，1.83%，试判别该组数据中1.75%是否应该舍弃？

解：

① 排序：将所用的数据按从小到大顺序排列为1.75%，1.82%，1.83%，1.83%，1.85%。

② 计算：根据公式计算最小值可疑时的统计量 $Q$：

$$Q=\frac{X_2-X_1}{X_n-X_1}=\frac{1.82-1.75}{1.85-1.75}=\frac{0.07}{0.10}=0.70$$

③ 查表：从表中查出，$n=5$ 时，$Q_{0.90}=0.64$。

④ 判断：由此得出 $Q>Q_{0.90}$。此结果表明，1.75%是异常值，应予舍弃。

## 三、分析数据的记录和表达

取得实验数据后，应以简明的方法记录下来并表达出来，记录的方式通常采用列表法。表达的方式通常有列表法、图解法、数学方程表示法等三种方法，可根据具体情况选择一种表达方法。

列表法是最常用的方法，是将一组实验数据中的自变量和因变量的数值按一定形式和顺序一一对应列成表格，比较简明、直观。列表时应有完全而又简明的表名，在表名不足以说明表中数据含义时，则在表名或表格下面再附加说明，如获得数据的有关实验条件、数据来源等；表中数据有效数字位数应取舍适当，小数点应上下对齐，以便比较分析。

图解法是将实验数据按自变量与因变量的对应关系标绘成图形，直观反映变量间的各种关系，便于进行分析研究。每图应有简明的标题，并注明取得数据的主要实验条件、作者姓名（包括合作者姓名）以及实验日期。注意坐标分度的选择，其精度应与测量的精度一致。

数学方程表示法是对数据进行回归分析，以数学方程式描述变量之间关系的方法。食品分析实验数据的自变量与因变量之间多成直线关系，或是经过适当变换后，使之呈现直线关系，因此食品分析中比较常用的是一元线性回归分析，如比色分析中的标准曲线等。在实验报告或论文中，往往还需算出相关系数 $r$，以说明变量之间的相关程度。

在实验数据处理和表达时，要注意利用先进的计算机技术进行分析处理。例如，Microsoft Excel、Origin 等系列软件就可以根据一套原始数据，在数据库、公式、函数、图表之间进行数据传递、链接和编辑等操作，从而对原始数据进行汇总列表、数据处理、统计计算、绘制图表、回归分析及验证等。

## 四、分析结果的表述

检测结果的数值表达方式一般有以下三种。其中分析检测报告中最常用的是算数平均值。报告计算结果表示到小数点后的位数或有效位数，测定值的有效数的位数应能满足卫生标准的要求。样品测定值的单位应使用法定计量单位。如果分析结果在方法的检出限以下，可以用"未检出"表述分析结果，但应注明检出限数值。

1. 算术平均值（$\overline{X}$）

在克服系统误差之后，当测定次数足够多（$n\rightarrow\infty$）时，其总体均值与真实值很接近。通常测定中，测定次数总是有限的，用有限测定值的平均值只能近似真实值，算术平均值表达形式是算术平均值和标准偏差（$\overline{X}\pm s$）或算术平均值和最大相对偏差或相对标准偏差。

多次测定值的算术平均值可按下式计算。

$$\overline{X}=\frac{X_1+X_2+\cdots+X_n}{n}=\frac{\sum_{i=1}^{n}X_i}{n}$$

式中，$\overline{X}$——$n$ 次重复测定结果的算数平均值；

$n$——重复测定次数；

$X_i$——$n$ 次测定中第 $i$ 个的测定值。

2. 几何平均值（$X_g$）

若一组数据呈正态分布，此时可用几何平均值来表示该组数据。即

$$X_g = \sqrt[n]{X_1 \cdot X_2 \cdot X_3 \cdots X_n} = (X_1 \cdot X_2 \cdot X_3 \cdots X_n)^{\frac{1}{n}}$$

3. 中位值

测定数据按大小顺序排列的中间值，即中位值。若数据次数为偶次，中位值是中间两个数据的平均值。

中位值最大的优点是简便、直观，但只有在两端数据分布均匀时，中位值才能代表最佳值。当测定次数较少时，平均值与中位值不完全符合。

# 第四节　实验方法的评价

## 一、精密度

精密度指同一分析试样在多次重复测定时，各平行测定值之间的符合程度。反映了测定方法中偶然误差的情况，用偏差来表示。在某一实验室，使用同一操作方法，测定同一稳定样品时，允许变化的因素有操作者、时间、试剂、仪器等，测定值之间的相对偏差即为该方法在该实验室内的精密度。

1. 偏差(deviation)

偏差是指测定值($X$)与几次测定结果平均值($\overline{X}$)的差值。偏差有绝对偏差和相对偏差。设一组测量值为 $X_1$、$X_2$、…、$X_n$，其算术平均值为 $\overline{X}$，对单次测量值 $X_i$，其偏差可表示为

$$\text{绝对偏差}\ d_i = X_i - \overline{X}$$

$$\text{相对偏差}(\%) = \frac{d_i}{\overline{X}} \times 100 = \frac{X_i - \overline{X}}{\overline{X}} \times 100$$

式中，$X_i$——某一次的测定值；

$\overline{X}$——测定值的平均值。

平行样相对误差按下式计算：

$$\text{平行样相对误差}(\%) = \frac{|X_1 - X_2|}{\dfrac{X_1 + X_2}{2}}$$

2. 标准偏差(standard deviation)

$$S = \sqrt{\frac{\sum_{i=1}^{n} (X_i - \overline{X})^2}{n-1}}$$

式中，$S$——标准差；

$\overline{X}$——$n$ 次重复测定结果的算数平均值；

$n$——重复测定次数；

$X_i$——$n$ 次测定中第 $i$ 个的测定值。

3. 相对标准偏差(relative standard deviation,RSD)

多次分析测定结果的标准偏差与其算术平均值之比，又称为变异系数(coefficient of variation,C. V.)，通常用百分数表示：

$$RSD(\%) = \frac{S}{\overline{X}} \times 100$$

## 二、准确度

准确度是指在一定条件下，多次测定的平均值与真实值相符合的程度。它们之间差别越小，则分析结果越准确，即准确度高。准确度通常用绝对误差或相对误差表示。

绝对误差 $Ea$ 表示测定结果($X$)与真实值($X_T$)之差。即

$$Ea = X - X_T$$

相对误差 $Er$ 是指绝对误差 $Ea$ 在真实值中所占的百分率。即

$$Er(\%) = \frac{Ea}{X_T} \times 100$$

绝对误差和相对误差都有正值和负值。当误差为正值时，表示测定结果偏高；误差为负值时，表示测定结果偏低。相对误差能反映误差在真实结果中所占的比例，这对于比较在各种情况下测定结果的准确度更为方便，因此最常用。但应注意，有时为了说明一些仪器测量的准确度，用绝对误差更清楚。例如分析天平的称量误差是±0.000 2 g，常量滴定管的读数误差是±0.02 ml 等，这些都是用绝对误差来说明的。

## 三、回收率

在食品分析中，一般在试样中加入已知标准物质作为真值，并用回收率表示方法的准确度。某一稳定样品中加入不同水平已知量的标准物质(将标准物质的量作为真值)称加标样品；同时测定样品和加标样品；加标样品扣除样品值后与标准物质的误差即为该方法的准确度。

$$P(\%) = \frac{X_1 - X_0}{m} \times 100$$

式中，$P$——加入的标准物质的回收率；

$m$——加入标准物质的量；

$X_1$——加标样品的测定值；

$X_0$——样品的测定值。

## 四、直线回归方程的计算

在绘制标准曲线时，可通过 Excel 等统计软件求出直线回归方程并绘制出标准曲线。直线回归方程式可表示为：

$$Y=a+bX$$

式中，$X$——自变量，为横坐标上的值；

$Y$——应变量，为纵坐标上的值；

$b$——直线的斜率；

$a$——直线在 $Y$ 轴上的截距。

## 五、灵敏度

把标准曲线回归方程中的斜率($b$)作为方法灵敏度，即单位物质质量的响应值。

## 六、检出限

把 3 倍空白值的标准偏差(测定次数 $n\geqslant 20$)相对应的质量或浓度称为检出限。

# 第二章　食品中一般成分的测定

## 实验一　食品中水分的测定——直接干燥法

**【实验目的】**

1. 理解直接干燥法测定水分的原理；
2. 熟悉直接干燥法测定水分的过程；
3. 掌握电热恒温干燥箱的使用；
4. 熟悉和掌握分析天平的使用。

**【实验原理】**

利用食品中水分的物理性质，在 101.3 kPa(一个大气压)，温度 101～105℃下采用挥发方法测定样品中干燥减失的重量，包括吸湿水、部分结晶水和该条件下能挥发的物质，再通过干燥前后的称量数值计算出水分的含量。即将样品在烘箱内干燥，以其失重来计算样品中水分的含量。

**【实验仪器】**

1. 称量瓶
2. 分析天平
3. 电热恒温干燥箱
4. 干燥器

**【实验方法】**

1. 将称量瓶清洗干净，瓶盖斜支于瓶边，在 101～105℃烘箱内干燥 1.0 h。将瓶盖盖好取出，置干燥器中冷却 0.5 h，称量。重复操作至恒重，准确到两次称量值不超过 0.2 mg。

2. 样品的测定

将样品磨细或切碎，称取 2～10 g(精确至 0.0001 g)处理好的样品于称量瓶内。

将上述样品置于温度预先调节至 101～105℃的烘箱内，称量瓶的瓶盖斜支于瓶边，干燥 2～4 h。然后将称量瓶盖好取出，放入干燥器内冷却，约 0.5 h，待温度降至室温后称重。然后再放入 101～105 ℃干燥箱中干燥 1 h 左右，取出，放入干燥器内冷却 0.5 h 后再称重。重复操作至恒重为止(前后两次称重质量差不超过2 mg)。

**【实验结果计算】**

按下式计算样品中水分的含量：

$$X(\%) = \frac{m_1 - m_2}{m_1 - m_0} \times 100$$

式中，$X$——样品中水分的含量，g/100 g；

$m_0$——称量瓶质量，g；

$m_1$——称量瓶加样品质量，g；

$m_2$——称量瓶加样品干燥后质量，g。

**【注意事项】**

1. 直接干燥法适用于在 101～105 ℃下，不含或含其他挥发性物质甚微的谷物及其制品、水产品、豆制品、乳制品、肉制品及卤菜制品等食品中水分的测定，不适用于水分含量小于 0.5 g/100 g 的样品。

2. 水分测定的称量恒重是指前后两次称量的质量差不超过 2 mg。

3. 样品应磨细至颗粒小于 2 mm，不易研磨的样品应尽可能切碎。

4. 水分含量≥1 g/100 g 时，计算结果保留三位有效数字；水分含量＜1 g/100 g时，结果保留两位有效数字。

5. 精密度要求：在重复性条件下获得的两次独立测定结果的绝对差值不得超过算术平均值的 5%。

**【思考题】**

1. 对于果蔬类等水分含量大的食品，应如何干燥？

2. 对于含挥发性成分较多的食品，如香料等，采用何种方法测定其水分含量？

## 实验二　食品中水分活度的测定——扩散平衡法

**【实验目的】**

1. 理解水分活度的概念和测定意义；

2. 掌握扩散法测定水分的方法。

**【实验原理】**

在康威氏扩散皿的密封和恒温的条件下，试样中的自由水与水分活度($A_W$)分别在较高和较低的标准饱和溶液中相互扩散，达到平衡后，根据样品质量的增加(即在较高 $A_W$标准溶液平衡后)和减少(在较低 $A_W$标准溶液平衡后)的量。求出

样品的 $A_W$ 值。

## 【实验试剂】

根据表 2-1，选择合适的标准水分活度试剂。

表 2-1　标准水分活度试剂

| 试剂名称 | 分子式 | 水分活度 $A_w$(25℃) |
|---|---|---|
| 溴化锂 | $LiBr_2 \cdot H_2O$ | 0.064 |
| 氯化锂 | $LiCl \cdot H_2O$ | 0.113 |
| 氯化镁 | $MgCl_2 \cdot 6H_2O$ | 0.328 |
| 碳酸钾 | $K_2CO_3$ | 0.432 |
| 硝酸镁 | $Mg(NO_3)_2 \cdot 6H_2O$ | 0.529 |
| 溴化钠 | $NaBr \cdot 2H_2O$ | 0.576 |
| 氯化钴 | $CoCl_2 \cdot 6H_2O$ | 0.649 |
| 氯化锶 | $SrCl_2 \cdot 6H_2O$ | 0.709 |
| 硝酸钠 | $NaNO_3$ | 0.743 |
| 氯化钠 | $NaCl$ | 0.753 |
| 溴化钾 | $KBr$ | 0.809 |
| 硫酸铵 | $(NH_4)_2SO_4$ | 0.810 |
| 氯化钾 | $KCl$ | 0.843 |
| 硝酸锶 | $Sr(NO_3)_2$ | 0.851 |
| 氯化钡 | $BaCl_2 \cdot 2H_2O$ | 0.902 |
| 硝酸钾 | $KNO_3$ | 0.936 |
| 硫酸钾 | $K_2SO_4$ | 0.973 |

## 【实验仪器】

1. 康威氏微量扩散皿(图 2.1)
2. 分析天平

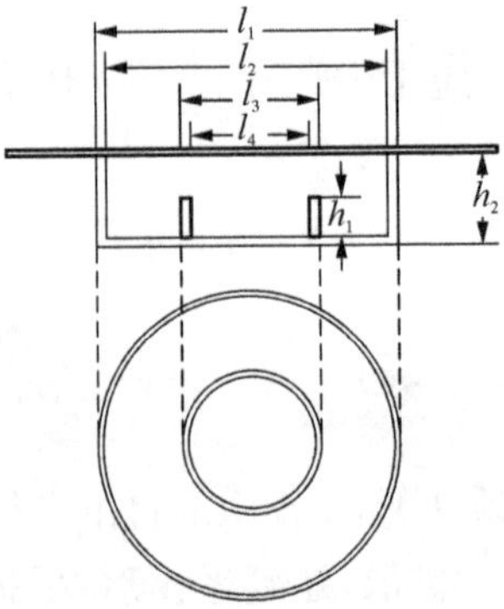


$l_1$——外室外直径，100 mm；
$l_2$——外室内直径，92 mm；
$l_3$——内室外直径，53 mm；
$l_4$——内室内直径，45 mm；
$h_1$——内室高度，10 mm；
$h_2$——外室高度，25 mm。

图 2.1　康威氏皿示意图

3. 恒温培养箱

4. 称量皿

**【实验方法】**

1. 粉末状固体、颗粒状固体及糊状样品

取有代表性样品至少 20.0 g，混匀，置于密闭的玻璃容器内。

2. 块状样品

取可食部分的代表性样品至少 200 g。在室温 18～25℃ ，湿度 50%～80%的条件下，迅速切成约小于 3 mm×3 mm×3 mm 的小块，不得使用组织捣碎机，混匀后置于密闭的玻璃容器内。

3. 预处理

将盛有试样的密闭容器、康威氏皿及称量皿置于恒温培养箱内，于 25±1℃条件下，恒温 30 min。取出后立即使用及测定。

4. 预测定

分别取 12.0 ml 溴化锂饱和溶液、氯化镁饱和溶液、氯化钴饱和溶液、硫酸钾饱和溶液于 4 只康威氏皿的外室，用经恒温的称量皿，迅速称取与标准饱和盐溶液相等份数的同一试样约 1.5 g，于已知质量的称量皿中(精确至 0.000 1 g)，放入盛有标准饱和盐溶液的康威氏皿的内室。沿康威氏皿上口平行移动盖好涂有凡士林的磨砂玻璃片，放入 25±1℃ 的恒温培养箱内。恒温 24 h。取出盛有试样的称量皿，加盖，立即称量(精确至 0.000 1 g)。

5. 预测定结果计算

(1) 样品质量的增减量的计算

样品质量的增减量按下式计算：

$$X(g/g) = \frac{m_1 - m}{m - m_0}$$

式中，$X$——样品质量的增减量，g/g；

$m_1$——扩散平衡后，试样和称量皿的质量，g；

$m$——扩散平衡前，试样和称量皿的质量，g；

$m_0$——称量皿的质量，g。

(2) 作图

以所选饱和盐溶液(25℃)的水分活度($A_w$)数值为横坐标，对应标准饱和盐溶液的试样的质量增减数值为纵坐标，在方格坐标纸上作图，将各点连接成一条直线，此线与横轴之交点即为该样品的水分活度值。

6. 试样的测定

依据预测定结果，分别选用水分活度数值大于和小于试样预测结果数值的饱和盐溶液各 3 种，各取 12.0 ml，注入康威氏皿的外室。试样称取量约 1.5 g(精确至 0.000 1 g)，其他操作与预测定相同。

**【实验结果计算】**

同预测定结果计算。

**【注意事项】**

1. 样品首先通过预测，确定水分活度数值，再分别选用水分活度数值大于和小于试样预测结果数值的饱和盐溶液各 3 种，进行精确测定。

2. 操作和称量过程应迅速，避免在空气中暴露时间过长。

**【思考题】**

测定食品的水活度有什么意义？

# 实验三　食品中总灰分的测定——灼烧法

**【实验目的】**

1. 理解总灰分的概念和测定原理；
2. 掌握样品的炭化和灰化；
3. 熟悉总灰分的测定过程；
4. 掌握马弗炉的使用。

**【实验原理】**

把一定量的样品经炭化后放入高温炉内灼烧，使有机物质被氧化分解，以二氧化碳、氮的氧化物及水等形式逸出，而无机物质以硫酸盐、磷酸盐、碳酸盐、氯化物等无机盐和金属氧化物的形式残留下来，这些残留物即为灰分，称量残留物的质量即可计算出样品中总灰分的含量。

**【实验仪器】**

1. 瓷坩埚
2. 马弗炉
3. 干燥器
4. 分析天平

**【实验方法】**

取大小适宜的瓷坩埚置马弗炉中，在 550±25℃下灼烧 0.5 h，冷至 200℃以下后取出，放入干燥器中冷至室温，精密称量，并重复灼烧至恒重(前后两次称量相差不超过 0.5 mg)。

在已恒重的坩埚中加入 2～3 g 固体样品或 5～10 g 液体样品后，准确称量。液体样品先在沸水浴上蒸干。固体或蒸干后的样品，先以小火在电炉上加热使样品充分炭化至无烟，然后置马弗炉中，在 550±25℃灼烧 4 h。冷至 200℃以下后取出放入干燥器中冷却 30 min，在称量前如灼烧残渣有炭粒时，向样品中滴入少许水湿润，使结块松散，蒸出水分再次灼烧直至炭粒灰化完全，准确称量。重复灼烧，至恒重为止(前后两次称量相差不超过 0.5 mg)。

**【实验结果计算】**

按下式计算样品中灰分的含量：

$$X(\%)=\frac{m_1-m_2}{m_3-m_2}\times 100$$

式中，$X$——样品中灰分的含量，g/100 g；

$m_1$——坩埚和灰分的质量，g；

$m_2$——坩埚的质量，g；

$m_3$——坩埚和样品的质量，g。

**【注意事项】**

1. 灰化结束后，仍有炭粒存在时，可将坩埚冷却后，加少许水，使已灰炭化物质溶解，而未灰化的物质露出表面，蒸干后再次灼烧。

2. 把坩埚放入高温炉或从炉中取出时，要在炉口停留片刻，使坩埚预热或冷却。防止因温度聚变而使坩埚破裂。

3. 灰分测定中恒重的要求为前后两次称量相差不超过 0.5 mg。

**【思考题】**

1. 总灰分的测定意义是什么？

2. 为什么样品在高温灼烧前，要先炭化至无烟？

3. 如何判断样品是否灰化完全？

## 实验四　食品中粗脂肪的测定——索氏提取法

**【实验目的】**

1. 理解索氏提取法提取脂肪的原理；

2. 掌握索氏提取器的使用；

3. 掌握索氏提取法提取食品中粗脂肪的方法。

## 【实验原理】

利用脂肪溶于有机溶剂的性质，将样品在索氏脂肪抽提器中用有机溶剂回流提取，使可溶脂肪浸提出来，蒸去溶剂，残留的质量为脂肪含量，此方法所提取的脂肪，其中除脂肪外还含游离脂肪酸、蜡、磷脂、胆固醇、色素及其他醚溶性物质，故称为粗脂肪。

## 【实验试剂】

1. 无水乙醚
2. 脱脂棉

## 【实验仪器】

1. 索氏提取器(图 2.2)
2. 恒温水浴锅
3. 恒温干燥箱
4. 分析天平
5. 干燥器

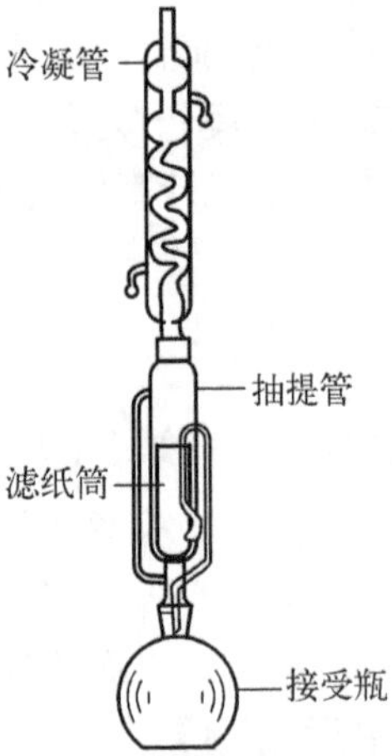

图 2.2 索氏提取器

## 【实验方法】

1. 滤纸筒的制备

将大小 8 cm×15 cm 的滤纸，用直径约 2 cm 的试管为模型，将滤纸以试管壁为基础，叠折成底端封口的滤纸筒。在 105℃中烘至恒重，置于干燥器中备用。

2. 样品处理

(1) 固体样品：精密称取 2～5 g(可取测定水分后的样品)于滤纸筒内，上层覆盖脱脂棉。

(2) 液体或半固体样品：称取 5.0～10.0 g，置于蒸发皿中，加入海砂约 20 g 于沸水浴上蒸干后，再于 95～105℃干燥，研细，全部移入滤纸筒内。蒸发皿及附有样品的玻棒，均用沾有乙醚的脱脂棉擦净，并将棉花放入滤纸筒内。

3. 抽提

将滤纸筒放入索氏脂肪提取器的抽提筒内，连接已干燥至恒重的接受瓶，并连接好冷凝管。加入无水乙醚至瓶内容积的 2/3 处，于水浴上加热，温度约 60℃。使乙醚不断回流提取，控制温度使回流速度保持在 6 次/h～12 次/h。抽提完全约需 6～12 h。

4. 称量

抽提结束后，取出滤纸筒，利用索氏脂肪提取器回收乙醚，待接受瓶中的乙醚将要蒸发完毕(约 1～2 ml 乙醚残留液)时，将接受瓶移于水浴上将乙醚蒸干。再于 95～105℃的恒温干燥箱中干燥 2 h，放干燥器内冷却 0.5 h 后称量。重复以上操作至恒重。

## 【实验结果计算】

按下式计算样品中脂肪的含量：

$$X(\%)=\frac{m_1-m_2}{m}\times 100$$

式中，$X$——样品中粗脂肪的含量，g/100 g；

$m_1$——接受瓶和脂肪的质量，g；

$m_2$——接受瓶的质量，g；

$m$——样品的质量（如是测定水分后的样品，按测定水分前的质量计），g。

**【注意事项】**

1. 实验过程中，应注意乙醚的使用安全。切忌用明火直接加热。
2. 抽提结束后，一定要将接受瓶中的乙醚蒸干，才能放入恒温干燥箱内干燥。
3. 所用乙醚必须是无水乙醚，如含有水分则可能将样品中的糖以及无机物抽出，造成误差。
4. 冷凝管上端最好连接一个氯化钙干燥管，这样不仅可以防止空气中水分进入，而且还可以避免乙醚挥发在空气中，这样可防止实验室微小环境空气的污染。如无此装置，塞一团干脱脂棉球亦可。

**【思考题】**

1. 索氏抽提法提取粗脂肪的原理是什么？
2. 脂肪提取中为什么必须使用无水乙醚？
3. 索氏抽提法提取粗脂肪适用于什么样品，有何特点？
4. 乙醚中有过氧化物的存在会对实验有何影响？如何鉴定乙醚中的过氧化物？

## 实验五　食品中粗脂肪的测定——酸水解法

**【实验目的】**

1. 掌握酸水解法测定食品脂肪的实验原理；
2. 掌握酸水解法测定食品脂肪的基础操作。

**【实验原理】**

利用强酸破坏样品中的蛋白质、纤维素等组织，使脂肪游离，再用乙醚和石油醚提取。回收除去乙醚和石油醚溶剂，将残留物干燥后称重，残留物即为游离及结合脂肪总量。

**【实验试剂】**

1. 盐酸
2. 95%乙醇

3. 乙醚

4. 石油醚：30～60℃沸程。

## 【实验仪器】

100 ml 具塞刻度量筒

## 【实验方法】

1. 样品处理

固体样品：精确称取试样 2 g，置于 50 ml 大试管内，加水 8 ml，混匀后再加 10 ml盐酸。

液体样品：称取 10.0 g，置于 50 ml 大试管内，加 10 ml 盐酸。

2. 水解

将试管放入 70～80℃水浴中，每隔 5～10 min 用玻璃棒搅拌一次，至样品消化完全为止，约 40～50 min。

3. 提取

取出试管，加入 10 ml 乙醇，混合。冷却后将混合液移入 100 ml 具塞量筒中，以 25 ml 乙醚分次洗涤试管，一并倒入量筒中。待乙醚全部倒入量筒后，加塞振摇 1 min，小心开塞，放出气体，再塞好，静置 12 min，小心开塞，并用石油醚-乙醚等量混合液冲洗塞及筒口附着的脂肪。

静置 10～20 min，待上部液体清晰，吸出上清液于恒重的锥形瓶内，再加 5 ml 石油醚于具塞量筒内，振摇，静置后仍将上层乙醚吸出，放入原锥形瓶内。

4. 称重

将锥形瓶置水浴上蒸干，置 95～105℃烘箱中干燥 2 h。取出放干燥容器内冷却 0.5 h 后称量，重复以上操作至恒重。

## 【实验结果计算】

按下式计算样品中脂肪的含量：

$$X(\%) = \frac{m_1 - m_2}{m} \times 100$$

式中，$X$——样品中脂肪的含量，g/100 g；

$m_1$——接受瓶和脂肪的质量，g；

$m_2$——接受瓶的质量，g；

$m$——样品的质量（如是测定水分后的样品，按测定水分前的质量计），g。

## 【注意事项】

1. 测定的样品须充分磨细，液体样品需充分混合均匀，以便消化完全至无块状碳粒，否则结合性脂肪不能完全游离，致使结果偏低，同时用有机溶剂提取时也往往易乳化。

2. 水解时应防止大量水分损失，使酸浓度升高。

**【思考题】**

1. 水解过程完成后，加入乙醇、石油醚的作用是什么？
2. 酸水解法提取脂肪适用于哪些样品？

# 实验六　食品中还原糖的测定——直接滴定法

**【实验目的】**

1. 掌握直接滴定法测定还原糖的原理和方法；
2. 掌握加热条件下的滴定操作技能；
3. 了解样品的处理及样液的澄清方法。

**【实验原理】**

样品经除去蛋白质后，在加热条件下，用样品溶液直接滴定标定过的碱性酒石酸铜液，以次甲基蓝作指示剂，根据样品液消耗体积，计算还原糖量。其主要过程和反应如下。

在碱性溶液中，酒石酸盐与铜盐形成络离子而不致生成氢氧化铜沉淀：

$$CuSO_4 + 2NaOH = 2Cu(OH)_2\downarrow + Na_2SO_4$$

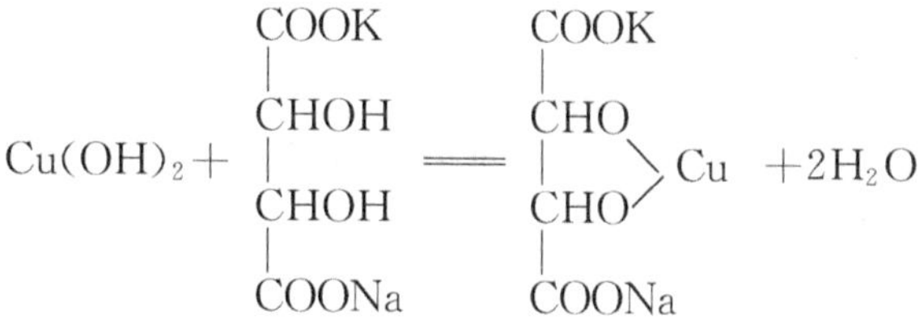

在沸热的条件下，用还原糖待测液滴定一定量的碱性酒石酸铜液时，铜的酒石酸络盐被还原糖还原，产生红色 $Cu_2O$ 沉淀，还原糖则被氧化和降解。

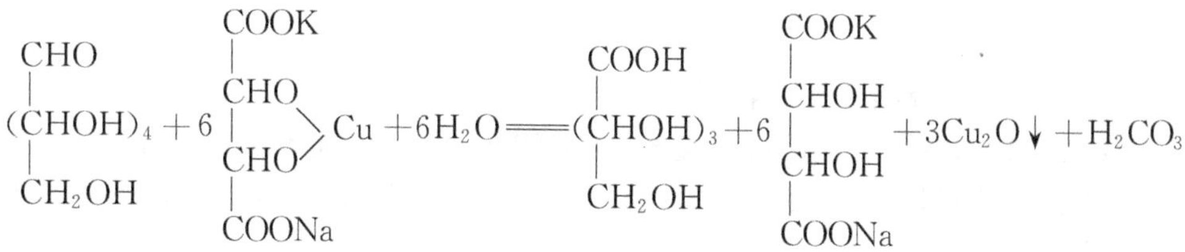

滴定时，以亚甲基蓝为氧化还原指示剂，稍过量的还原糖可使蓝色的氧化型亚

甲基蓝还原为无色的还原型亚甲基蓝，即达终点。

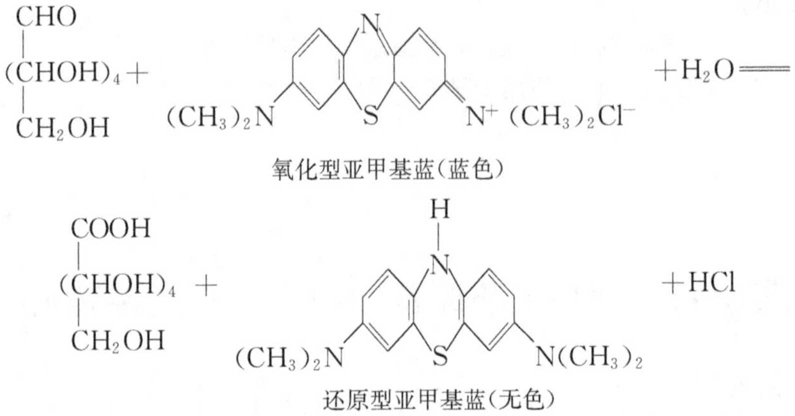


## 【实验试剂】

1. 碱性酒石酸铜甲液：称取 15 g 硫酸铜（$CuSO_4 5H_2O$）及 0.05 g 次甲基蓝，溶于水中并稀释至 1 000 ml。

2. 碱性酒石酸铜乙液：称取 50 g 酒石酸钾钠及 75 g 氢氧化钠，溶于水中，再加入 4 g 亚铁氰化钾，完全溶解后，用水稀释至 1 000 ml，贮存于橡胶塞玻璃瓶内。

3. 乙酸锌溶液：称取 21.9 g 乙酸锌，加 3 ml 冰醋酸，加水溶解并稀释至 100 ml。

4. 10.6%亚铁氰化钾溶液：溶解结晶亚铁氰化钾 10.6 g 于水中，稀释至 100 ml。

5. 盐酸。

6. 葡萄糖标准溶液：精密称取 1.000 g 经过 96±2℃干燥 2 h 至恒量的纯葡萄糖，加水溶解后加入 5 ml 盐酸，并以水稀释至 1 000 ml。此溶液每毫升相当于 1.0 mg 葡萄糖。

## 【实验仪器】

1. 酸式滴定管：25 ml

2. 可调电炉：带石棉板

## 【实验方法】

1. 样品处理

（1）乳类、乳制品及含蛋白质的冷食类：称取约 2.5～5 g 固体样品（吸取 25～50 ml 液体样品），置于 250 ml 容量瓶中，加 50 ml 水，慢慢加入 5 ml 乙酸锌溶液及 5 ml 亚铁氰化钾溶液，加水至刻度，混匀，沉淀，静置 30 min，用干燥滤纸过滤，弃去初滤液，滤液备用。

（2）酒精性饮料：吸取 100.0 ml 样品，置于蒸发皿中，用氢氧化钠（40 g/L）溶液中和至中性，在水浴上蒸发至原体积的 1/4 后，移入 250 ml 容量瓶中。加水至刻度。

(3) 含多量淀粉的食品：称取 10.00～20.00 g 样品，置于 250 ml 容量瓶中，加 200 ml 水，在 45℃水浴中加热 1 h，并时时振摇。冷后加水至刻度，混匀，静置。吸取 200 ml 上清液于另一 250 ml 容量瓶中，慢慢加入 5 ml 乙酸锌溶液及 5 ml 亚铁氰化钾溶液，加水至刻度，混匀，沉淀，静置 30 min，用干燥滤纸过滤，弃去初滤液，滤液备用。

(4) 汽水等含有二氧化碳的饮料：吸取 100 ml 样品置于蒸发皿中，在水浴上除去二氧化碳后，移入 250 ml 容量瓶中，并用水洗涤蒸发皿，洗液并入容量瓶中，再加水至刻度，混匀后，备用。

2. 标定碱性酒石酸铜溶液

吸取 5.0 ml 碱性酒石酸铜甲液及 5.0 ml 乙液，置于 150 ml 锥形瓶中，加水10 ml，加入玻璃珠 2 粒，按照还原糖滴定装置示意图(图 2.3)装好仪器，从滴定管滴加约 9 ml 葡萄糖标准溶液，控制在 2 min 内加热至沸，趁沸以每两秒 1 滴的速度继续滴加葡萄糖标准溶液，直至溶液蓝色刚好褪去为终点，记录消耗葡萄糖标准溶液的总体积，同时平行操作三份，取其平均值，计算每 10 ml(甲、乙液各 5 ml) 碱性酒石酸铜溶液相当于葡萄糖的质量 $F$(mg)。

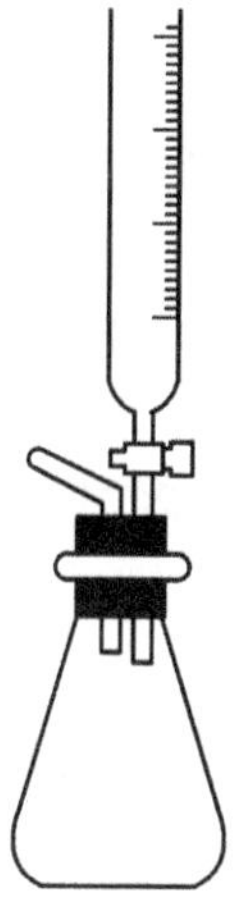

图 2.3　还原糖滴定装置示意图

3. 样品溶液预测

吸取 5.0 ml 碱性酒石酸铜甲液及 5.0 ml 乙液，置于 150 ml 锥形瓶中，玻璃珠 2 粒，从滴定管中先加入样品溶液 10 ml，控制在2 min 内加热至沸。保持溶液沸腾状态，以先快后慢的速度，滴加样品溶液，并待溶液颜色变浅时，以每两秒 1 滴的速度滴定，直至溶液蓝色刚好褪去为终点，记录样液消耗体积。

4. 样品溶液测定

吸取 5.0 ml 碱性酒石酸铜甲液及 5.0 ml 乙液，置于 150 ml 锥形瓶中，加入玻璃珠 2 粒，从滴定管滴加比预测体积少 1 ml 的样品溶液，使其在 2 min 内加热至沸。保持溶液沸腾状态，继续以每两秒 1 滴的速度滴定，直至蓝色刚好褪去为终点，记录样液消耗体积，同法平行操作三份，得出平均消耗体积。

**【实验结果计算】**

按下式计算样品中还原糖的含量：

$$X(\text{g}/100\ \text{g}) = \frac{F}{m \times \frac{V}{250} \times 1\,000} \times 100$$

式中，$X$——样品中还原糖的含量(以葡萄糖计)，g/100 g；

$F$——碱性酒石酸铜溶液(甲、乙液各 5 ml)相当于还原糖(以葡萄糖计)的质量,mg;

$m$——样品质量,g;

$V$——测定时平均消耗样品溶液体积,ml。

[$F$ 也可查附录Ⅲ乳糖因素表或附录Ⅳ葡萄糖因素表中碱性酒石酸铜溶液(甲、乙液各 5 ml)相当于还原糖的质量]

**【注意事项】**

1. 操作条件如热源强度(电炉功率)、锥形瓶规格、加热时间、滴定速度等都会影响反应,应严格控制,先经约测,然后准确测定,方可得正确结果。

2. 滴定必须在沸腾条件下进行,不能随意摇动锥形瓶,更不能把锥形瓶从热源上取下来滴定。以免空气进入反应液中,使次甲基蓝和氧化亚铜被氧化而增加耗糖量。

3. 碱性酒石酸铜甲液和乙液要分别贮存,用时混合。否则,酒石酸钾钠铜络合物长时间在碱性条件下会分解析出氧化亚铜沉淀,使试剂有效浓度降低。

4. 加热温度应使溶液在 2 min 内沸腾,若沸腾时间过长会导致耗糖量增加。

**【思考题】**

1. 为什么滴定必须在沸腾条件下进行?

2. 为什么要求预滴定,且预滴定和正式滴定的反应条件应一致?

3. 为什么碱性酒石酸铜甲液和乙液要分别贮存,用时才能混合?

# 实验七　食品中还原糖的测定——高锰酸钾滴定法

**【实验目的】**

1. 掌握高锰酸钾滴定法测还原糖的原理;

2. 能正确地配置和标定高锰酸钾溶液,熟练掌握滴定的操作技能。

**【实验原理】**

样品经除去蛋白质后,将一定量的样品溶液液与斐林试剂反应,还原糖将二价铜还原为氧化亚铜,经过滤,得到氧化亚铜沉淀,加入过量的酸性硫酸铁溶液将其氧化溶解,而三价铁盐被定量地还原为亚铁盐,用高锰酸钾标准溶液滴定所生成的亚铁盐,根据高锰酸钾溶液消耗量可计算出氧化亚铜的量,再从氧化亚铜检索表(附录Ⅴ)中查出与氧化亚铜量相当的还原糖量,即可计算出样品中还原糖含量。主要反应方程式如下:

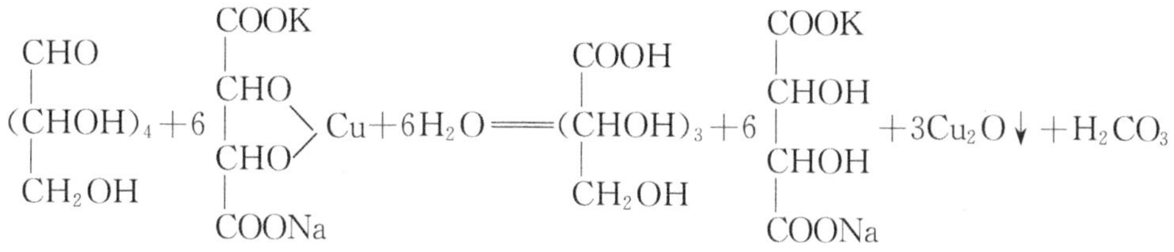

$$Cu_2O+Fe_2(SO_4)_3+H_2SO_4 = 2CuSO_4+2FeSO_4+H_2O$$

$$10FeSO_4+2KMnO_4+8H_2SO_4 = 5Fe_2(SO_4)_3+K_2SO_4+2MnSO_4+8H_2O$$

**【实验试剂】**

1. 碱性酒石酸铜甲液：称取 34.639 g 硫酸铜（$CuSO_4 \cdot 5H_2O$），加适量水溶解，加 0.5 ml 硫酸，再加水稀释至 500 ml，用精制石棉过滤。

2. 碱性酒石酸铜乙液：称取 173 g 酒石酸钾钠与 50 g 氢氧化钠，加适量水溶解，并稀释至 500 ml，用精制石棉过滤，贮存于橡胶塞玻璃瓶内。

3. 精制石棉：取石棉，先用 3 mol/L 盐酸浸泡 2～3 d，用水洗净，再加 10%氢氧化钠溶液浸泡 2～3 d，倾去溶液，再用热碱性酒石酸铜乙液浸泡数小时，用水洗净。以 3 mol/L 盐酸浸泡数小时，用水洗至不呈酸性。然后加水振摇，使成微细的浆半软纤维，用水浸泡并贮存于玻璃瓶中，即可用作填充古氏坩埚用。

4. 高锰酸钾标准滴定溶液[$c(1/5KMnO_4)=0.1000$ mol/L]。

5. 氢氧化钠溶液（40 g/L）：称取 4 g 氢氧化钠，加水溶解并稀释至 100 ml。

6. 硫酸铁溶液：称取 50 g 硫酸铁，加入 200 ml 水溶解后，慢慢加入 100 ml 硫酸，冷后加水稀释至 1 000 ml。

7. 3 mol/L 盐酸：取 30 ml 盐酸，加水稀释至 120 ml。

**【实验仪器】**

1. 25 ml 古氏坩埚或 G4 垂融坩埚

2. 真空泵

**【实验方法】**

1. 样品处理

(1) 乳类、乳制品及含蛋白质的冷食等：称取约 2.00～5.00 g 固体样品（吸取 25.00～50.00 ml 液体样品），置于 250 ml 容量瓶中，加 50 ml 水，摇匀后加10 ml碱性酒石酸铜甲液及 4 ml(40 g/L)氢氧化钠溶液，加水至刻度，混匀。静置 30 min，用干燥滤纸过滤，弃去初滤液，滤液备用。

(2) 酒精性饮料：吸取 100.0 ml 样品，置于蒸发皿中，用(40 g/L)氢氧化钠溶液中和至中性，在水浴上蒸发至原体积的 1/4，移入 250 ml 容量瓶中，加 50 ml 水，混匀，加 10 ml 碱性酒石酸铜甲液及 4 ml(40 g/L)氢氧化钠溶液，加水至刻度，混匀，静置 30 min，用干燥滤纸过滤，弃去除滤液，滤液备用。

(3) 含多量淀粉的食品：称取 10.00～20.00 g 样品，置于 250 ml 容量瓶中，加 200 ml 水，在 45℃水浴中加热 1 h，并时时振摇。冷后加水至刻度，混匀，静置。吸取 200 ml 上清液于另一 250 ml 容量瓶中，加入 10 ml 碱性酒石酸铜甲液及 4 ml (40 g/L)氢氧化钠溶液，加水至刻度，混匀。静置 30 min，用干燥滤纸过滤，弃去初滤液，滤液备用。

(4) 汽水等含有二氧化碳的饮料：吸取 100.0 ml 样品，置于蒸发皿中，在水浴上除去二氧化碳后，移入 250 ml 容量瓶中，并用水洗涤蒸发皿，洗液并入容量瓶中，再加水至刻度，混匀后，备用。

2. 样品测定

取处理后的样品溶液 50.00 ml 于 400 ml 烧杯中，加入 25 ml 碱性酒石酸铜甲液及 25 ml 乙液，于烧杯上盖一表面皿，加热，控制在 4 min 内沸腾，再准确煮沸 2 min，趁热用铺好石棉的古氏坩埚或 G4 垂融坩埚抽滤，并用 60℃热水洗涤烧杯及沉淀，至洗液不呈碱性为止。将古氏坩埚或垂融坩埚放回原 400 ml 烧杯中，加 25 ml 硫酸铁溶液及 25 ml 水，用玻璃棒搅拌使氧化亚铜完全溶解，以高锰酸钾标准溶液[$c(1/5KMnO_4)=1.000$ mol/L]滴定至微红色为终点。

同时吸取 50 ml 水，加与测样品时相同量的碱性酒石酸铜甲液、乙液，硫酸铁及水，按同一方法做试剂空白试验。

**【实验结果计算】**

按下式计算样品中还原糖质量相当于氧化亚铜的质量：

$$X_1(\text{mg}) = c \times (V - V_0) \times 71.54$$

式中，$X_1$——样品中还原糖质量相当于氧化亚铜的质量，mg；

$V$——样品液消耗高锰酸钾标准滴定溶液的体积，ml；

$V_0$——试剂空白消耗高锰酸钾标准滴定溶液的体积，ml；

$c$——高锰酸钾标准滴定溶液的浓度，mol/L；

71.54——1 ml 高锰酸钾标准滴定溶液[$c(1/5KMnO_4)=1.000$ mol/L]，相当于氧化亚铜的质量，mg。

根据上式中计算所得的氧化亚铜质量，查附录Ⅴ(氧化亚铜质量相当于葡萄糖、果糖、乳糖、转化糖的质量表)，再计算样品中还原糖的含量。

$$X(\text{g}/100\ \text{g}) = \frac{m_1}{m_2 \times \frac{V_1}{250} \times 1\,000} \times 100$$

式中，$X$——样品中还原糖含量，g/100 g；

$m_1$——查表得还原糖质量，mg；

$m_2$——样品质量(或体积)，g(或 ml)；

$V_1$——测定用样品溶液的体积，ml；

250——样品处理后的总体积 ml。

**【注意事项】**

1. 样品的处理：应除去蛋白质、脂肪、乙醇、二氧化碳、纤维素、淀粉等。

2. 还原糖与碱性酒石酸铜试剂作用，必须加热至沸腾下进行，因此加热至沸时间及保持沸腾时间是需要严格控制的条件，并保持一致。

3. 煮沸后溶液应保持蓝色，使碱性酒石酸铜过量，使还原糖完全反应。

4. 在古氏坩埚中铺好精制石棉，必须密实，以免使氧化亚铜沉淀损失。

5. 高锰酸钾法测定食品中的还原糖测定结果准确性较好，但操作繁琐费时，并在抽滤过程应注意防止氧化亚铜沉淀暴露于空气中而氧化，将沉淀终保持在液面下，严格掌握反应条件。

6. 滴定时必须严格按照规定的操作条件，保证在 4 min 内待测样液沸腾，否则误差较大。

**【思考题】**

1. 为什么碱性酒石酸铜甲液和乙液要分别贮存，用时才能混合？

2. 比较直接滴定法与高锰酸钾测定法定糖的特点。

3. 简述直接滴定法与高锰酸钾测定法定糖的原理。

# 实验八　食品中蛋白质的测定——凯氏定氮法

**【实验目的】**

1. 理解凯氏定氮法测定蛋白质的原理；

2. 熟悉样品的湿法消化；

3. 掌握凯氏定氮法测定蛋白质的方法。

**【实验原理】**

蛋白质是含氮的化合物。食品与浓硫酸和催化剂一同加热消化，使蛋白质分解，产生的氨与硫酸结合生成硫酸铵。然后加碱蒸馏可使氨释放，用硼酸吸收后再用盐酸标准溶液滴定。根据酸的消耗量乘以换算系数，即为蛋白质含量。反应过程分三个阶段：

（1）消化

$$2NH_2(CH_2)_2COOH + 13H_2SO_4 \rightarrow (NH_4)_2SO_4 + 6CO_2\uparrow + 12SO_2\uparrow + 16H_2O$$

(2) 蒸馏和吸收

$$(NH_4)_2SO_4 + 2NaOH \rightarrow 2NH_3\uparrow + 2H_2O + Na_2SO_4$$

$$2NH_3 + 4H_3BO_3 \rightarrow (NH_4)_2B_4O_7 + 5H_2O$$

(3) 滴定

$$(NH_4)_2B_4O_7 + 2HCl + 5H_2O \rightarrow NH_4Cl + 4H_3BO_3$$

由于食品中除蛋白质外，还含有其他非蛋白质的含氮物质，因此此法测得的蛋白质含量称为粗蛋白含量。

## 【实验试剂】

1. 浓硫酸
2. NaOH 溶液(400 g/L)：称取 40 g 氢氧化钠加水溶解后，放冷，并稀释至 100 ml。
3. 硼酸溶液(20 g/L)：称取 20 g 硼酸，加水溶解后并稀释至 1 000 ml。
4. HCl 标准溶液 (0.01 mol/L)
5. 硫酸铜($CuSO_4 \cdot 5H_2O$)
6. 无水硫酸钾(粉末状)
7. 混合指示剂：0.1%甲基红乙醇溶液(95%)1 份与 0.1%溴甲酚绿乙醇溶液 5 份，临用时混合。

## 【实验仪器】

1. 分析天平
2. 消化装置：凯氏烧瓶(100 ml)、小漏斗及消化架、电炉或酒精灯等
3. 凯氏定氮装置(图 2.4)

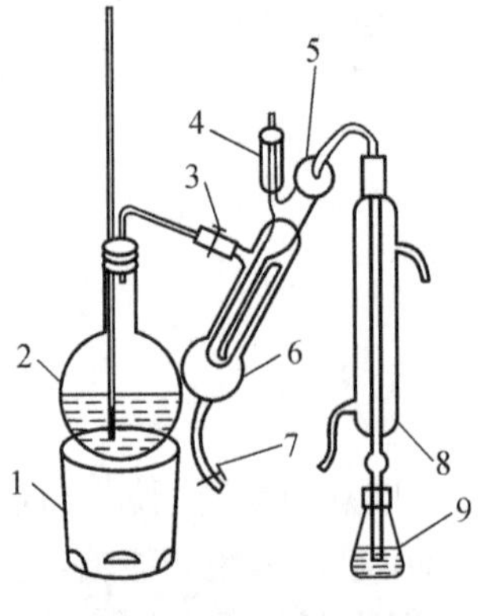


图 2.4 定氮蒸馏装置图

1. 电炉；2. 水蒸气发生器(2 L 烧瓶)；3. 螺旋夹；4. 小玻杯及棒状玻塞；5. 反应室；6. 反应室外层；7. 橡皮管及螺旋夹；8. 冷凝管；9. 蒸馏液接收瓶。

## 【实验方法】

1. 样品消化

称取充分混匀的固体试样 0.2～2 g(约相当于 30～40 mg 氮)，精确至 0.001 g，移入干燥的 100 ml 凯氏烧瓶中，加入 0.2 g 硫酸铜、6 g 硫酸钾及 20 ml 硫酸，轻摇后于瓶口放一小漏斗，将瓶以 45°角斜支于有小孔的石棉网上。小心加热，待内容物全部炭化，泡沫完全停止后，加强火力，并保持瓶内液体微沸，至液体呈蓝绿色并澄清透明后，再继续加热 0.5～1 h 至样品消化完全。将凯氏烧瓶取下冷却后，小心加入 20 ml 水。放冷后，将消化液无损移

入 100 ml 容量瓶中。冷却至室温后再加水至刻度，混匀备用。

同时做试剂空白试验。

2. 定氮装置的检查与洗涤

(1) 按图 2.4 装好定氮装置，于蒸气发生器内装水至 2/3 处，放入几粒沸石或几片瓷片，加数滴甲基红指示液，再滴入浓硫酸使水变红色，保持水呈酸性。

(2) 加热煮沸蒸气发生器内的水，并用蒸汽清洗仪器 2～3 次。将一只盛有 5 ml 2%硼酸液和 1～2 滴指示剂的锥形瓶置于冷凝管下端，使冷凝管管口插入液体中，继续蒸馏 1～2 min，如硼酸液颜色不变，表明仪器已洗净。

3. 蒸馏与吸收

(1) 吸 20 ml 硼酸溶液于锥形瓶中，加 5～6 滴混合指示剂，置于冷凝管下端并使其浸于吸收液中。准确吸取 10 ml 样品消化液，由小漏斗加入反应室，并以 10 ml蒸馏水洗涤小漏斗使流入反应室内；再加 10 ml 氢氧化钠溶液，用少量蒸馏水冲洗漏斗后，迅速夹紧进样胶管，并在进样液的漏斗内加水液封。夹紧螺旋夹，进行蒸馏。

(2) 蒸汽通入反应室使氨通过冷凝管而进入接收瓶内，由冷凝管开始出现第一滴冷凝水开始计算，蒸馏 5 min 后，移动接收瓶，使冷凝管下端离开液面；再蒸馏 1 min，然后用少量蒸馏水冲洗冷凝管下端外部。取下锥形瓶，准备滴定。

空白对照：吸取 10 ml 试剂空白消化液按上法蒸馏操作，得滴定空白液。

4. 滴定

用 0.01 mol/L 盐酸标准液滴定吸收液至由蓝色变为微红色即为终点，同时做平行试验与空白试验。

5. 蒸馏完毕后，关闭热源，夹紧蒸气发生器和汽水分离器间的橡皮管，此时由于汽水分离器温度突然下降，即可将反应室残液吸至汽水分离器下接烧杯中。

**【实验结果计算】**

按下式计算样品中蛋白质的含量：

$$X(\mathrm{g/100\ g}) = \frac{c \times (V_1 - V_0) \times 0.0140}{m \times \frac{10}{100}} \times F \times 100$$

式中，$X$——样品中的蛋白含量，g/100 g；

$c$——盐酸标准溶液的浓度，mol/L；

$V_1$——被测样液消耗盐酸标准溶液的体积，ml；

$V_0$——试剂空白消耗盐酸标准溶液的体积，ml；

$m$——试样的质量，g；

0.014 0——1 mol/L 盐酸标准溶液 1 ml 相当于氮的质量，g；

*F*——氮换算为蛋白质的系数，一般食品为 6.25。

**【注意事项】**

1. 所用试剂溶液应用无氨蒸馏水配制。

2. 消化时，若样品含糖高或含脂肪较多时，注意控制加热温度，以免大量泡沫喷出凯氏烧瓶，造成样品损失。可加入少量辛醇、液体石蜡或硅消泡剂减少泡沫产生。

3. 蒸馏过程热源要稳定，不得中途停火，否则发生倒吸。

4. 蒸馏完毕后，应先将冷凝管下端提离液面清洗管口，再蒸 1 min 后关掉热源，否则可能造成吸收液倒吸。

5. 蛋白质的系数 F。一般食品为 6.25；纯乳与纯乳制品为 6.38；面粉为5.70；玉米、高粱为 6.24；花生为 5.46；大米为 5.95；大豆及其粗加工制品为 5.71；大豆蛋白制品为 6.25；肉与肉制品为 6.25；大麦、小米、燕麦、裸麦为 5.83；芝麻、向日葵为 5.30；复合配方食品为 6.25。

**【思考题】**

1. 简述凯氏定氮法测定蛋白质的原理。

2. 在消化过程中，浓硫酸、硫酸铜和硫酸钾各起什么作用？

# 实验九　食品中蛋白质的测定——双缩脲比色法

**【实验目的】**

1. 理解双缩脲法测定蛋白质的原理。

2. 掌握利用标准曲线测定的基本方法和有关计算。

**【实验原理】**

双缩脲在碱性条件下，能与硫酸铜结合成红紫色的络合物，此反应称为双缩脲反应。

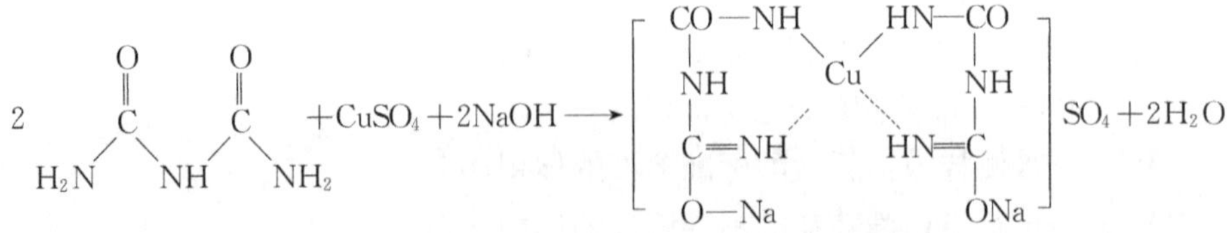


由于蛋白质分子中含有肽键（—CO—NH—），与双缩脲结构相似，故也能呈现此反应而生成红紫色络合物，在一定条件下其颜色深浅与蛋白质含量成正比，据

此可用吸收光度法来测定蛋白质含量，该络合物的最大吸收波长为 560 nm。

双缩脲法灵敏度较低，但操作简单快速，是生物化学领域中测定蛋白质含量的常用方法之一，也可用于豆类、油料、米谷等作物种子及肉类等样品测定。

**【实验试剂】**

1. 四氯化碳

2. 碱性硫酸铜溶液：将 5.6 g 氢氧化钾、5 g 酒石酸钾钠、1.6 g 硫酸铜溶于水后加水至 1 000 ml。加入硫酸铜时，必须剧烈搅拌，否则将生成氢氧化铜沉淀。

**【实验仪器】**

1. 分光光度计

2. 离心机(4 000 r/min)

**【实验方法】**

1. 标准曲线的绘制

以采用凯氏定氮法测出蛋白质含量的样品作为标准蛋白质样。按蛋白质含量 40 mg、50 mg、60 mg、70 mg、80 mg、90 mg、100 mg 和 110 mg 分别称取混合均匀的标准蛋白质样，于 8 支50 ml纳氏比色管中，然后各加入 1 ml 四氯化碳，再用碱性硫酸铜溶液准确稀释至 50 ml，振摇 10 min，静置 1 h，取上层清液离心 5 min。

取离心分离后的透明液于比色皿中，在 560 nm 波长下以蒸馏水做参比液，调节仪器零点并测定各溶液的吸光度 $A$，以蛋白质的含量为横坐标、吸光度 $A$ 为纵坐标，绘制标准曲线。

2. 样品的测定

准确称取样品适量(即使蛋白质含量在 40～110 mg)于 50 ml 纳氏比色管中，加入 1 ml 四氯化碳，按上述步骤显色后，在相同条件下测其吸光度 $A$。根据测得的 $A$ 值在标准曲线上可查得蛋白质质量(mg)，进而由此求得蛋白质含量。

**【实验结果计算】**

按下式计算样品中蛋白质的含量：

$$X(\text{mg}/100\ \text{g}) = \frac{m_1}{m} \times 100$$

式中，$X$——样品的总蛋白含量，mg/100 g；

$m_1$——由标准曲线上查得的蛋白质质量，mg；

$m$——样品质量，g。

**【注意事项】**

1. 含脂肪高的样品应预先用乙醚脱脂后再测定。

2. 当肽链中含有脯氨酸时，若有多量糖类共存，则显色不好，会使测定值偏低。

**【思考题】**

1. 简述双缩脲法测定蛋白质的原理。

2. 在测定时，为什么要用凯氏定氮法测出蛋白质含量的样品作为标准蛋白质样？

# 实验十　食品中氨基酸态氮的测定
## ——双指示剂甲醛滴定法

**【实验目的】**

掌握甲醛滴定法测定氨基酸含量的原理和操作要点。

**【实验原理】**

氨基酸具有酸、碱两重性质，因为氨基酸含有—COOH 基显示酸性，又含有—$NH_2$ 基显示碱性。由于这两个基的相互作用，使氨基酸成为中性的内盐。当加入甲醛溶液时，—$NH_2$ 与甲醛结合，其碱性消失，破坏内盐的存在，就可用碱标准溶液来滴定—COOH 基，以间接方法测定氨基酸的量。

**【实验试剂】**

1. 中性甲醛溶液：取甲醛溶液 50 ml，加 0.5% 酚酞指示剂约 3 ml，滴加 0.1 mol/L NaOH 溶液，使溶液呈微粉红色，临用前中和。

2. 1 g/L 中性红乙醇溶液（50%乙醇溶液）

3. 1 g/L 百里酚酞乙醇溶液

4. 0.100 mol/L 氢氧化钠标准溶液（需标定）

**【实验仪器】**

1. 碱式滴定管

2. 锥形瓶

**【实验方法】**

称取两份一定量样品（约含 20 mg 左右的氨基酸）于锥形瓶中（如为固体加水 50 ml），其中一份加 2～3 滴中性红指示剂，用 0.100 mol/L NaOH 标准溶液滴定至琥珀色为终点。另一份加入中性甲醛 20 ml，2～3 滴百里酚酞指示剂，摇匀，静置 1 min，用 0.100 mol/L NaOH 标准溶液滴定至淡蓝色为终点。记录两次滴定所消耗的标准溶液体积。

**【实验结果计算】**

按下式计算样品中氨基酸态氮的含量：

$$X(\mathrm{g}/100\ \mathrm{g}) = \frac{c \times (V_2 - V_1) \times 0.0140}{m} \times 100$$

式中，$X$——氨基酸态氮的含量，g/100 g；

$c$——氢氧化钠标准溶液的浓度，mol/L

$V_2$——以中性红作指示剂滴定样品消耗氢氧化钠标准溶液的体积，ml；

$V_1$——以百里酚酞作指示剂滴定样品消耗氢氧化钠标准溶液的体积，ml；

$m$——样品的质量，g；

0.0140——氮的毫摩尔质量，g/mmol。

**【注意事项】**

1. 固体样品先进行粉碎，准确称样后用水进行浸提。

2. 如样品颜色过深，可适量加活性炭脱色后再测定，或改用电位滴定法进行测定。

**【思考题】**

1. 甲醛法测定氨基酸含量的原理是什么？

2. 加入双指示剂的作用是什么？

## 实验十一　食品中氨基酸态氮的测定——电位滴定法

**【实验目的】**

掌握电位滴定法测定食品中氨基酸总量的基本原理和操作方法。

**【实验原理】**

氨基酸含有酸性的羧基（—COOH）和碱性的氨基（$—NH_2$），它们相互作用使氨基酸成为中性的内盐，不能直接用碱液滴定。当加入甲醛时，$—NH_2$与甲醛结合，从而使其碱性消失，使—COOH 显示出酸性。将酸度计的玻璃电极和甘汞电极同时插入溶液中构成电池，用氢氧化钠标准溶液滴定，根据酸度计指示的 pH 判断和控制滴定终点。

**【实验试剂】**

1. 36%甲醛

2. 0.050 mol/L 氢氧化钠标准溶液

## 【实验仪器】

1. 酸度计
2. 磁力搅拌器
3. 10 ml 微量滴定管

## 【实验方法】

准确吸取 5.0 ml 液体样品，置于 100 ml 容量瓶中，加水至刻度，混匀。

吸取 20.0 ml 上述样品稀释液于 200 ml 烧杯中，加 60 ml 蒸馏水，开动磁力搅拌器。待搅拌稳定后把酸度计的复合电极小心放入烧杯，用 0.050 mol/L 氢氧化钠标准溶液滴定至酸度计指示 pH 为 8.2。

加入 10.0 ml 甲醛溶液，混匀。再用 0.050 mol/L 氢氧化钠标准溶液滴定至 pH 为 9.2，记录消耗氢氧化钠标准溶液的体积。

量取 80 ml 水，在同样条件下作试剂空白试验，记录消耗氢氧化钠标准溶液的体积。

## 【实验结果计算】

按下式计算样品中氨基酸态氮的含量：

$$X(\text{g}/100\ \text{ml}) = \frac{c \times (V_1 - V_0) \times 0.0140}{5 \times \left(\frac{V}{100}\right)} \times 100$$

式中，$X$——样品中氨基酸态氮的含量，g/100 g；

$c$——氢氧化钠标准溶液浓度，mol/L；

$V_1$——样品稀释液在加入甲醛后滴定终点（pH 为 9.2）所消耗氢氧化钠标准溶液的体积，ml；

$V_0$——空白试验加入甲醛后滴定至终点所消耗氢氧化钠标准溶液的体积，ml；

$V$——测定时吸取样品稀释液体积，ml；

5——测定用样品溶液体积，ml；

0.014 0——氮的毫摩尔质量，g/mmol。

## 【注意事项】

1. 本法具有准确快速的特点，可用于各类食品游离氨基酸含量测定。对于浑浊和色深样液可不必经处理而直接测定。

2. 加入甲醛后应立即滴定，不宜放置时间过长，以免甲醛聚合，影响测定结果。

3. 检测结果的准确性与所使用的酸度计是否准确密切相关。

4. 脯氨酸与甲醛作用时产生不稳定的化合物，使结果偏低；样品中若有铵存在也可与甲醛反应，使测定结果偏高。

**【思考题】**

1. 加入甲醛的作用是什么？

2. 为什么用氢氧化钠标准溶液滴定时终点有两次？且 pH 一次为 8.2，一次为 9.2？

# 实验十二　食品中维生素 C 的测定
# ——荧光比色法

**【实验目的】**

1. 掌握荧光法测定维生素 C 的方法。

2. 了解荧光法测定维生素 C 的原理以及荧光分光光度计的工作原理。

3. 熟悉荧光分光光度计的使用。

**【实验原理】**

样品中还原型抗坏血酸(维生素 C)在活性炭存在下可氧化成脱氢抗坏血酸，脱氢抗坏血酸与邻苯二胺反应生成一荧光团，该荧光团在约 350 nm 处有最大激发波长，而在约 430 nm 处荧光最强，荧光强度与脱氢抗坏血酸的浓度成正比。

当样品中含有丙酮酸时，也与邻苯二胺反应生成一种荧光物质，干扰测定。此时可加入硼酸消除干扰。硼酸与脱氢抗坏血酸结合生成硼酸脱氢抗坏血酸螯合物，此螯合物不能与邻苯二胺反应生成荧光化合物；而硼酸不与丙酮酸反应，丙酮酸仍与邻苯二胺反应生成荧光物质，因此加入硼酸后测出的荧光值即为空白的荧光值。

**【实验试剂】**

1. 偏磷酸-乙酸溶液：称取 15 g 偏磷酸及 40 ml 乙酸于 200 ml 水中，溶解后稀释至 500 ml 备用。

2. 偏磷酸-乙酸-硫酸溶液：称取 15 g 偏磷酸及 40 ml 乙酸于 200 ml 0.15 mol/L 硫酸中，溶解后用 0.15 mol/L 硫酸稀释至 500 ml 备用。

0.15 mol/L 硫酸：将 10 ml 硫酸小心加入 500 ml 水中，稀释成 1 200 ml。

3. 0.04%百里酚蓝指示剂：称取 0.19 g 百里酚蓝，加入 0.02 mol/L 氢氧化钠溶液约 10.75 ml，在玻璃研钵内研磨至溶解，用水稀释成 250 ml。

4. 标准抗坏血酸使用液(100 μg/ml)：称取 50 mg 抗坏血酸，用偏磷酸-乙酸溶液溶解并稀释至 50 ml，取 10 ml 该溶液用偏磷酸-乙酸溶液稀释至 100 ml，制成标准溶液。使用前现配。

5. 酸性活性炭：称取 200 g 活性炭(化学纯)，加入体积比为 1∶9 的盐酸，加热至沸腾，真空过滤，取下结块于一个大烧杯中，加入 1 L 水，搅拌过滤后，再用水清洗一次，在 110～120℃烘箱中干燥后使用。

6. 硼酸-乙酸钠溶液：称取 3 g 硼酸，用 50%乙酸钠溶液溶解并稀释至 100 ml，使用前现配。

7. 50%乙酸钠溶液：取 500 g 三水乙酸钠，用水溶解并稀释至 1 000 ml。

8. 邻苯二胺溶液：称取 20 mg 邻苯二胺，用水稀释至 100 ml，使用前现配。

**【实验仪器】**

1. 荧光分光光度计

2. 组织捣碎机

**【实验方法】**

1. 样品制备

称取均匀的样品，加 100 g 偏磷酸-乙酸溶液打成匀浆。取适量匀浆(含 1～2 mg 抗坏血酸)于 100 ml 容量瓶中，加一滴百里酚蓝指示剂，如呈红色，则用偏磷酸-乙酸溶液稀释至刻度；如呈黄色或蓝色，则用偏磷酸-乙酸-硫酸溶液稀释至刻度(pH 为 1.2)。定容后混匀过滤，滤液备用。

2. 氧化处理

分别取样品滤液、标准抗坏血酸使用液(100 μg/ml)各 100 ml 于带塞三角瓶中，加 2 g 活性炭，振摇 1 min，过滤，收集滤液得样品氧化液和标准抗坏血酸氧化液。

3. 络合反应

(1) 分别取样品氧化液、标准抗坏血酸氧化液各 5 ml 于 2 个 50 ml 容量瓶中，各加入 5 ml 硼酸-乙酸钠溶液，混合振摇 15 min，用水稀释至 50 ml，得样品空白溶液和标准空白溶液；在 4℃冰箱中放置 2 h，取出备用。

(2) 分别取样品氧化液、标准抗坏血酸氧化液各 5 ml 于 2 个 50 ml 容量瓶中，各加入 5 ml 50%乙酸钠溶液，用水稀释至 50 ml，摇匀，得样品测定溶液和标准测定溶液。

4. 荧光反应

取标准空白溶液、标准测定溶液、样品空白溶液和样品测定溶液各 2 ml 于 10 ml 具塞试管中，迅速向各管中加入 5 ml 邻苯二胺，振摇混合于室温黑暗中反应 35 min。

5. 比色：于激发波长 338 nm，发射波长 420 nm 条件下测定其荧光强度。另做一个标准系列的抗坏血酸荧光测定，作出标准曲线。

**【实验结果计算】**

按下式计算样品中抗坏血酸及脱氢抗坏血酸总含量：

$$X(\text{mg}/100\ \text{g}) = \frac{c \times V}{m} \times D \times \frac{100}{1\,000}$$

式中，$X$——样品中抗坏血酸及脱氢抗坏血酸总含量，mg/100 g；

$c$——由标准曲线查得或由回归方程算得的样品溶液浓度，μg/ml；

$V$——荧光反应所用试样的体积，ml；

$m$——试样的质量，g；

$D$——样品溶液的稀释倍数。

**【注意事项】**

1. 大多数植物组织内含有一种能破坏抗坏血酸的氧化酶，因此，抗坏血酸的测定应采用新鲜样品，并尽快用偏磷酸-乙酸提取液将样品制成匀浆以保存维生素 C。

2. 本实验全部过程应避光。

3. 活性炭用量应准确，其氧化机理是基于表面吸附的氧进行界面反应，加入量不足，氧化不充分，加入量过高，对抗坏血酸有吸附作用。实验证明，2 g 用量时，吸附影响不明显。

4. 邻苯二胺溶液在空气中颜色会逐渐变深，影响显色，故应临用现配。

**【思考题】**

1. 简述荧光法测定维生素 C 的原理。

2. 如何消除食物中丙酮酸对荧光法测定维生素 C 的干扰效果？

## 实验十三　食品中还原型维生素 C 的测定<br>——2,6-二氯靛酚滴定法

**【实验目的】**

1. 了解 2,6-二氯靛酚的特性；

2. 熟悉 2,6-二氯靛酚滴定法测定还原型维生素 C 的原理和方法。

**【实验原理】**

染料 2,6-二氯靛酚的颜色反应表现两种特性，一是取决于其氧化还原状

态，氧化态为深蓝色，还原态变为无色，二是受其介质的酸度影响，在碱性溶液中呈深蓝色，在酸性介质中呈浅红色。用蓝色的碱性染料标准溶液，对含维生素 C 的酸性浸出液进行氧化还原滴定，染料被还原为无色，当到达滴定终点时，多余的染料在酸性介质中则表现为浅红色，由染料用量计算样品中还原型抗坏血酸的含量。

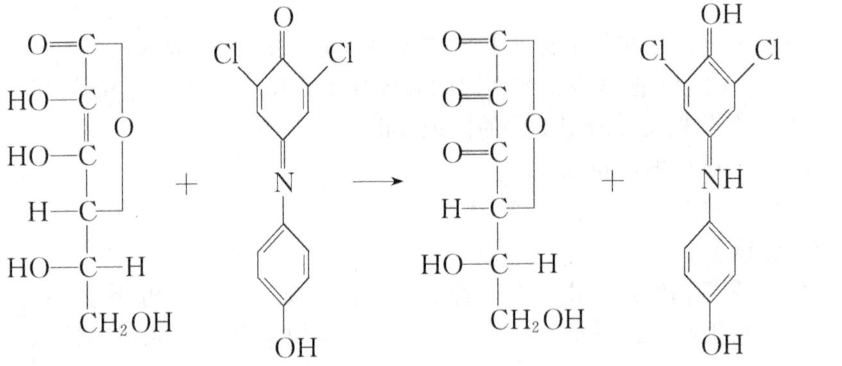

还原型抗坏血酸　　染料(氧化型)　　脱氢抗坏血酸　　染料(还原型)(无色)

【实验试剂】

1. 2%偏磷酸溶液

2. 2%草酸溶液：称取 20 g 草酸，用 700 ml 水溶解，稀释至 1 000 ml。

3. 抗坏血酸标准溶液(1 mg/ml)：称取 100 mg(准确至 0.1 mg)抗坏血酸，溶于浸提剂中并稀释至 100 ml。现配现用。

4. 2,6 -二氯靛酚(2,6 -二氯靛酚吲哚酚钠盐)溶液：称取碳酸氢钠 52 mg 溶解在 200 ml 热蒸馏水中，然后称取 2,6 -二氯靛酚50 mg溶解在上述碳酸氢钠溶液中。冷却定容至 250 ml，过滤至棕色瓶内，保存在冰箱中。每次使用前，用标准抗坏血酸标定其滴定度。即吸取 1 ml 抗坏血酸标准溶液于 50 ml 锥形瓶中，加入10 ml浸提剂，摇匀，用 2,6 -二氯靛酚溶液滴定至溶液呈粉红色 15 s不褪色为止。同时，另取 10 ml 浸提剂做空白试验。滴定度按下式计算：

$$T(\text{mg/ml}) = \frac{c \times V}{V_1 - V_0}$$

式中，$T$——滴定度，即每毫升 2,6 -二氯靛酚溶液相当于抗坏血酸的毫克数；

$c$——抗坏血酸的浓度，mg/ml；

$V$——吸取抗坏血酸的体积，ml；

$V_1$——滴定抗坏血酸溶液所用 2,6 -二氯靛酚溶液的体积，ml；

$V_0$——滴定空白所用2,6-二氯靛酚溶液的体积,ml。

5. 白陶土(或称高岭土):对维生素C无吸附性。

**【实验仪器】**

1. 高速组织捣碎机:8 000~12 000 r/min。

2. 分析天平

3. 滴定管:25 ml、10 ml。

4. 其他玻璃仪器:100 ml 容量瓶;100 ml、50 ml 锥形瓶;10 ml、5 ml、2 ml、1 ml吸管;250 ml、50 ml 烧杯;漏斗等。

**【实验方法】**

1. 样液制备

称取具有代表性样品的可食部分100 g,放入组织捣碎机中,加100 ml 2%草酸或2%偏磷酸溶液作为浸提剂,迅速捣成匀浆。称10~40 g浆状样品,用浸提剂将样品移入100 ml容量瓶,并稀释至刻度,摇匀过滤。若滤液有色,可按每克样品加0.4 g白陶土脱色后再过滤。

2. 滴定

吸取10 ml滤液放入50 ml锥形瓶中,用已标定过的2,6-二氯靛酚溶液滴定,直至溶液呈粉红色15 s不褪色为止。同时做空白试验。

**【实验结果计算】**

按下式计算样品中维生素C的含量:

$$X(\mathrm{mg}/100\ \mathrm{g}) = \frac{(V - V_0) \times T \times D}{m} \times 100$$

式中,$X$——样品中维生素C的含量,mg/100 g;

$V$——滴定样液时消耗染料溶液的体积,ml;

$V_0$——滴定空白时消耗染料溶液的体积,ml;

$T$——2,6-二氯靛酚染料滴定度,mg/ml;

$D$——稀释倍数;

$m$——样品质量,g。

**【注意事项】**

1. 抗坏血酸不稳定,提取及滴定过程应尽量避免被氧化而影响测定结果,如样品提取液应避免日光直射。

2. 适用于果品、蔬菜及其加工制品中还原型抗坏血酸的测定,不适用于深色样品。

3. 平行测定的结果,取三位有效数字,含量低的保留小数点后两位数字。

**【思考题】**

为什么在维生素C的浸提过程中要加入草酸或偏磷酸溶液?

# 实验十四　食品中淀粉的测定——酸水解法

**【实验目的】**

掌握酸水解法测定淀粉含量的方法。

**【实验原理】**

样品经乙醚除去脂肪，乙醇除去可溶性糖类后。在稀酸的作用下，淀粉水解为糊精和麦芽糖，最后都转化成葡萄糖。

$$(C_6H_{10}O_5)n + nH_2O \longrightarrow n(C_6H_{12}O_6)$$

淀粉　　　　葡萄糖

162　　　　180

然后用测定还原糖的方法测定葡萄糖，再推算出淀粉的含量。葡萄糖含量折算为淀粉含量的换算系数为：162/180＝0.9。

**【实验试剂】**

1. 乙醚
2. 85％乙醇

取 85 ml 无水乙醇，加水定容至 100 ml。

3. (1＋1)盐酸溶液
4. 40％氢氧化钠
5. 10％氢氧化钠
6. 0.2％甲基红乙醇溶液

称取甲基红 0.20 g，用少量乙醇溶解后，并定容至 100 ml。

7. 20％中性醋酸铅溶液

称取醋酸铅 20 g，加水溶解后，并定容至 100 ml。

8. 10％硫酸钠溶液

称取硫酸钠 10 g，加水溶解后，并定容至 100 ml。

**【实验仪器】**

1. 40 目筛
2. 组织捣碎机等
3. 水浴锅

**【实验方法】**

1. 样品处理

称取 2～5 g（精确至 0.001 g）磨碎、过 40 目筛的样品，置于铺有慢速滤纸的漏斗中，用 50 ml 石油醚或乙醚分五次洗去样品中的脂肪，再用 150 ml 85％

乙醇分数次洗涤残渣以除去可溶性糖类物质。然后用 100 ml 水把漏斗中残渣全部转移至 250 ml 锥形瓶中。加入30 ml (1+1)盐酸，装上冷凝管，置沸水浴中回流2 h。回流完毕后，立即用流动水冷却。待试样水解液冷却后，加入两滴甲基红指示剂，先用 40%氢氧化钠调到黄色，再用(1+1)盐酸校正至刚好变为红色。若水解液颜色较深，可用精密 pH 试纸测试，使样品水解液的 pH 约为 7。然后加入 20 ml 20%醋酸铅，摇匀后放置 10 min，以沉淀蛋白质、果胶等杂质。再加入 20 ml 10%硫酸钠溶液，以除去过多的铅。摇匀后用水将溶液和残渣全部转移至 500 ml 容量瓶中，加水定容。过滤，弃去初滤液，收集滤液供测定用。

2. 测定

还原糖的测定及计算按直接滴定法进行。

**【实验结果计算】**

按下式计算样品中淀粉的含量：

$$X(\text{g}/100\ \text{g}) = \frac{(m_1 - m_0) \times 0.9}{m \times \dfrac{V}{500} \times 1\ 000} \times 100$$

式中，$X$——样品中淀粉的含量，g/100 g；

$m_1$——测定用试样中水解液还原糖质量，mg；

$m_0$——试剂空白中还原糖的质量，mg；

$m$——为样品的质量，g；

$V$——测定用试样水解液体积，ml；

500——试样液总体积，ml；

0.9——还原糖(以葡萄糖计)换算成淀粉的换算系数。

**【注意事项】**

1. 样品含脂肪时，会妨碍乙醇溶液对可溶性糖类的提取，所以要用乙醚除去。脂肪含量较低时，可省去乙醚脱脂肪步骤。

2. 因水解时间较长，应采用回流装置，以保证水解过程中盐酸的浓度不发生大的变化。

**【思考题】**

1. 测定淀粉含量的酸水解法适用于哪些食品样品？

2. 为什么样品要用 85%乙醇分数次洗涤残渣？

# 实验十五　食品中纤维素的测定——酸碱洗涤法

**【实验目的】**

掌握酸碱洗涤法测定食品中纤维素的过程。

**【实验原理】**

在硫酸作用下，样品中的糖、淀粉、果胶质和半纤维素经水解除去后，再用碱处理，除去蛋白质及脂肪酸，剩余的残渣为粗纤维。

**【实验试剂】**

1. 1.25%硫酸
2. 1.25%氢氧化钾溶液

**【实验仪器】**

1. G2 垂融坩埚
2. 马弗炉
3. 干燥器
4. 分析天平
5. 抽滤装置

**【实验方法】**

1. 称取 20～30 g 捣碎的试样（或 5.0 g 干试样），移入 500 ml 锥形瓶中，加入 200 ml 煮沸的 1.25%硫酸，加热使其微沸，保持体积恒定，维持 30 min，每隔 5 min 摇动锥形瓶一次，以充分混合瓶内的物质。

2. 取下锥形瓶，立即用亚麻布过滤后，用沸水洗涤至洗液不呈酸性。

3. 再用 200 ml 煮沸的 1.25%氢氧化钾溶液，将亚麻布上的存留物洗入原锥形瓶内加热微沸 30 min 后，取下锥形瓶，立即以亚麻布过滤，以沸水洗涤 2～3 次后，移入已干燥称量的 G2 垂融坩埚或同型号的垂融漏斗中，抽滤，用热水充分洗涤后，抽干。再依次用乙醇和乙醚洗涤一次。将坩埚和内容物在 105℃烘箱中烘干后称量，重复操作，直至恒重。

**【实验结果计算】**

按下式计算样品中粗纤维的含量：

$$X(\%) = \frac{G}{m} \times 100$$

式中，$X$——试样中粗纤维的含量，%；

$G$——残余物的质量（或经高温炉损失的质量），g；

$m$——试样的质量，g。

**【注意事项】**

在重复性条件下获得的两次独立测定结果的绝对差值不得超过算术平均值的10%。

**【思考题】**

酸碱洗涤法测定食品粗纤维中洗涤用的酸碱浓度对测定会有什么影响？

# 实验十六　糖水浓度和可溶性固形物的测定——折光法

**【实验目的】**

1. 理解固形物的概念；
2. 掌握折光法测定固形物的方法；
3. 学会折射仪的使用。

**【实验原理】**

糖水浓度和可溶性固形物测定最常用的方法是折光法，原理是光束从一种介质进入另一种介质时，由于速度改变面产生折射，折射角的大小取决于介质的性质，每一种均一物质都有其固有的折射率，对于同一物质的溶液来说其折射率的大小与其溶液浓度成正比，由于盐分、有机酸、蛋白质、单宁等物质均对折射率有影响，所以测定结果除蔗糖外还包括有上述物质，统称为可溶性固形物。

在20℃用折射仪测量试验溶液的折光率，并用折光率与可溶性固形物含量的换算表或折射仪上直接读出可溶性固形物的含量。

**【实验仪器】**

1. 阿贝折射仪
2. 超级恒温水浴锅
3. 组织捣碎器

**【实验方法】**

1. 折射仪校正

折射仪在测定前按说明书进行校正。通常有两种方法校正。

(1) 用标准玻璃块校正

在标准玻璃块的抛光面上加一滴α-溴萘，然后贴在折射棱镜的抛光面上，调节反射镜的抛光面，调节两反射镜使视场明亮，转动棱镜手轮，使读数指向玻璃块折射率，转动阿米西棱镜手轮，使视野除黑白两色外无其他颜色，观察目镜内明暗分界线是否指向十字线中间，若有偏差，用调节扳手转动调节螺钉。

(2) 用蒸馏水校正

在进光棱镜的磨砂面上加几滴蒸馏水，旋转销紧手柄，调节两反射镜使视场明亮，转动棱镜手轮使读数指向测定温度下蒸馏水的折射率。温度在10～30℃时，蒸馏水的折射率如表2-2所示。

**表2-2 不同温度下蒸馏水的折射率**

| 温度/℃ | nD | 温度/℃ | nD | 温度/℃ | nD |
|---|---|---|---|---|---|
| 10 | 1.333 69 | 20 | 1.332 99 | 30 | 1.331 94 |
| 11 | 1.333 64 | 21 | 1.332 90 | 31 | 1.331 82 |
| 12 | 1.333 58 | 22 | 1.332 80 | 32 | 1.331 70 |
| 13 | 1.333 52 | 23 | 1.332 71 | 33 | 1.331 57 |
| 14 | 1.333 46 | 24 | 1.332 61 | 34 | 1.331 44 |
| 15 | 1.333 39 | 25 | 1.332 50 | 35 | 1.331 31 |
| 16 | 1.333 31 | 26 | 1.332 40 | 36 | 1.331 17 |
| 17 | 1.333 24 | 27 | 1.332 29 | 37 | 1.331 04 |
| 18 | 1.333 16 | 28 | 1.332 17 | 38 | 1.330 90 |
| 19 | 1.333 07 | 29 | 1.332 06 | 39 | 1.330 75 |

2. 待测样品溶液的制备

(1) 透明的液体制品

充分混匀样品，用此液直接测定。

(2) 非黏稠制品(果浆、菜浆制品)

充分混匀样品，用四层纱布挤出部分滤液，取剩余的滤液用于测定。

(3) 黏稠制品(果酱、果冻等)

称取适当量(40 g以下)(精确到0.01 g)的样品到已称重的烧杯中，加100～150 ml蒸馏水，加热至沸，用玻璃棒搅拌，并缓和煮沸2～3 min，冷却并充分混匀。

20 min后称重，精确到0.01 g，然后用槽纹漏斗或布氏漏斗过滤到干燥容器里，留滤液供测定用。

(4) 固相和液相分开的制品

按固液相的比例，取一部分样品，然后用组织捣碎器捣碎。按"非黏稠制品"的制备方法进行。

3. 测定

分开折射仪的两面棱镜，以脱脂棉蘸乙醚或酒精擦净。

用末端熔圆之玻璃棒蘸取均匀试样汁液2～3滴，仔细滴于折射仪进光棱镜的磨砂面之中央(注意勿使玻璃棒触及棱镜)。

迅速闭合上下两棱镜，静置1 min，要求液体均匀无气泡并充满视野。

对准光源，由目镜观察，调节两反射镜，使二镜筒视场明亮。调节阿米西棱镜，使视野分成明暗两部(除黑白两色外无其他颜色)。再旋动微调螺旋,其分线恰在接物镜的十字交叉点上。读取读数。

折射率通常规定在20℃时测定,得到的读数即为可溶性固形物的折射率,如测定温度不是20℃,而是在室温下进行,需记下试验时的温度,并读取其折射率,按实际测定的温度进行校正。

**【实验结果计算】**

如折射仪读数标尺刻度为百分数,即可溶性固形物的百分率,按可溶性固形物对温度校正表(附录Ⅰ)换算成20℃时标准的可溶性固形物百分率。

如折射仪读数标尺刻度为折光率,可读出其折光率,然后按折光率与可溶性固形物换算(附录Ⅱ)查得样品中之可溶性固形物的百分率,再按可溶性固形物对温度校正表(附录Ⅰ)换算成20℃标准的可溶性固形物百分率。

如果是不经稀释的液体或半黏稠制品,可溶性固形物含量与折射仪上所读得的数相等。

如果是经稀释的黏稠制品,则可溶性固形物含量需经稀释倍数换算。

**【注意事项】**

1. 测定时温度最好控制在20℃左右观测,尽可能缩小校正范围。
2. 同一个试验样品进行两次测定。
3. 由同一个分析者紧接着进行两次测定的结果之差,应不超过0.5%。

**【思考题】**

测定固形物的意义是什么?

# 第三章　食品添加剂的测定

## 实验十七　二氧化硫的测定——盐酸副玫瑰苯胺比色法

**【实验目的】**

1. 掌握盐酸副玫瑰苯胺比色法测定二氧化硫含量的方法；
2. 了解分光光度计的结构和使用方法；
3. 掌握标准曲线的绘制方法。

**【实验原理】**

亚硫酸盐与四氯汞钠反应生成稳定的络合物，再与甲醛及盐酸副玫瑰苯胺作用生成紫红色络合物。

$$Na_2HgCl_4 + SO_2 + H_2O \longrightarrow [HgCl_2SO_3]^{2-} + 2H^+ + 2NaCl$$

$$[HgCl_2SO_3]^{2-} + HCHO + 2H^+ \longrightarrow HgCl_2 + HO—CH_2—SO_3H$$

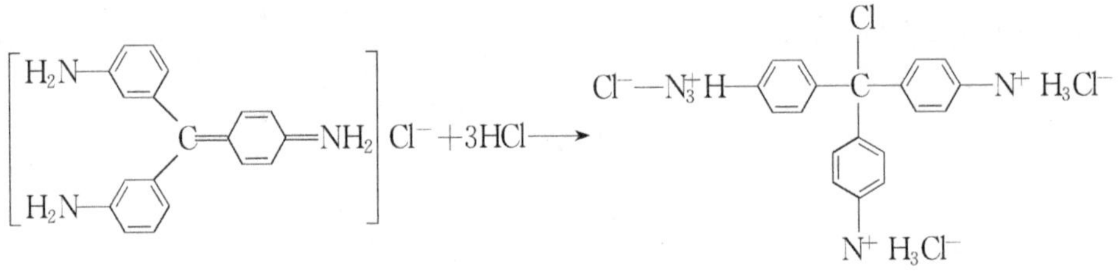

盐酸副玫瑰苯胺

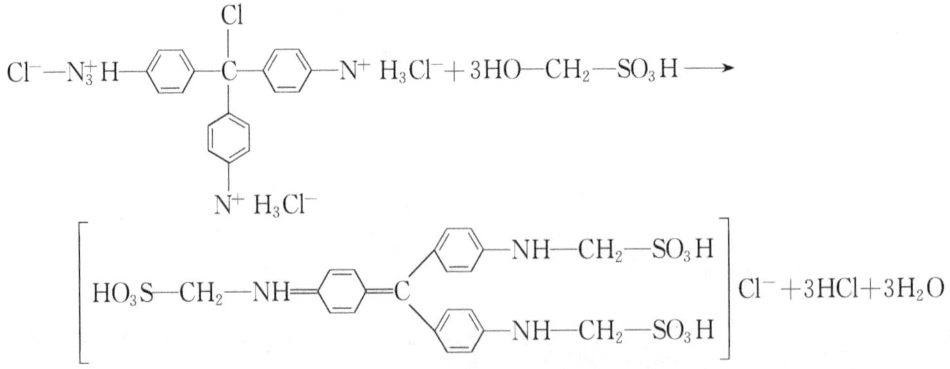

聚玫瑰红甲基磺酸（紫红色）

该化合物的最大吸收峰在波长 550 nm 处，且在一定范围内其颜色深浅与亚硫酸含量成正比，可比色测定，与标准系列比较定量。

**【实验试剂】**

1. 四氯汞钠吸收液：称取 13.6 g 氯化汞及 6.0 g 氯化钠，溶于水中并稀释至 1 000 ml，放置过夜，过滤后备用。

2. 氨基磺酸铵溶液(12 g/L)：称取 1.2 g 氨基磺酸铵于 50 ml 烧杯中，加少量水溶解后，转入 100 ml 容量瓶中，定容。

3. 甲醛溶液(2 g/L)：吸取 0.55 ml 无聚合沉淀的甲醛(36%)，加水稀释至 100 ml，混匀。

4. 盐酸副玫瑰苯胺溶液：称取 0.1 g 盐酸副玫瑰苯胺于研钵中，加少量水研磨使溶解并稀释至 100 ml。取出 20 ml，置于 100 ml 容量瓶中，加盐酸(1+1)，充分摇匀后使溶液由红变黄，如不变黄再滴加少量盐酸至出现黄色，在加水稀释至刻度，混匀备用。

5. 1%淀粉指示剂：称取 1 g 可溶性淀粉，用少量冷水调成糊状，缓缓倒入 100 ml 沸水中，搅拌煮沸，放冷备用。使用时现配。

6. 碘溶液[$c(1/2I_2)=0.100$ mol/L]：称取 13.5 g 碘及 35 g 碘化钾，溶于 100 ml 水中后，稀释至 1 000 ml，保存于具塞棕色瓶中，摇匀。于暗处静置。

7. 硫代硫酸钠溶液(0.1 mol/L)：称取 25 g $Na_2S_2O_3 \cdot 5H_2O$ 于烧杯中，加入 300～500 ml 新煮沸经冷却的蒸馏水，溶解后，加入约 0.1 g $Na_2S_2O_3$，用新煮沸且冷却的蒸馏水稀释至 1 000 ml，保存于棕色试剂瓶中，于暗处静置。使用前标定。

8. 二氧化硫标准溶液：称取 0.5 g 亚硫酸氢钠溶于 200 ml 四氯汞钠吸收液中，放置过夜，上清液用定量滤纸过滤备用，按下法进行标定：

取 10.0 ml 亚硫酸氢钠-四氯汞钠溶液，置于 250 ml 碘量瓶中，加水100 ml，准确加入 20.00 ml 碘溶液(0.1 mol/L)、5 ml 冰醋酸，放置于暗处。2 min 后迅速以 0.100 mol/L 硫代硫酸钠溶液滴定至淡黄色，加入 0.5 ml 淀粉指示剂，继续滴定至无色。空白对照于 250 ml 碘价瓶中加水 100 ml 后，按上述步骤操作。计算如下：

$$c(\text{mg/ml})=\frac{V_0-V}{10}\times M\times 32.03$$

式中，$c$——二氧化硫标准溶液浓度，mg/ml；

$V_0$——试剂空白消耗硫代硫酸钠标准溶液的体积，ml；

$V$——测定用亚硫酸氢钠-四氯汞钠溶液消耗硫代硫酸钠标准溶液的体积，ml；

$M$——硫代硫酸钠标准溶液的浓度，mol/L；

32.03——每毫升 0.1 mol/L 硫代硫酸钠溶液相当于二氧化硫的量，mg。

二氧化硫使用液：临用前将二氧化硫标准溶液用四氯汞钠吸收液稀释成 1 ml 相当于 2 μg 的二氧化硫，此溶液于 4℃冰箱中保存，可供一周内使用。

9. 氢氧化钠溶液(20 g/L)

10. 硫酸(1+1)

11. 亚铁氰化钾溶液：称取 10.6 g 亚铁氰化钾[$K_4Fe(CN)_6 \cdot 3H_2O$]，加水溶解并稀释至 100 ml。

12. 乙酸锌溶液：称取 22 g 乙酸锌[$Zn(CH_3COO)_2 \cdot 2H_2O$]溶于少量水中，加入 3 ml 冰醋酸，加水稀释至 100 ml。

13. 蛋白质沉淀剂

(1) 饱和硼砂溶液：溶解约 25 g 硼砂于 500 ml 水中。

(2) 硫酸锌溶液：溶解 150 g 硫酸锌于 500 ml 水中。

## 【实验仪器】

1. 分光光度计

2. 组织捣碎机

## 【实验方法】

1. 试样处理

(1) 水溶性固体试样(如白砂糖等)

称取约 10.00 g 均匀试样(试样量可视含量高低而定)，以少量水溶解，置于 100 ml 容量瓶中，加入 4 ml 氢氧化钠溶液(20 g/L)，5 min 后加入 4 ml 硫酸，然后加入 20 ml 四氯汞钠吸收液，以水稀释至刻度。

(2) 罐头等固体试样

用组织捣碎机将样品捣碎，称 10.00 g 捣碎样品于小烧杯中，加 5 ml 四氯汞钠吸收液，加硼砂 5 ml，硫酸锌 2 ml，搅拌均匀，移入 100 ml 容量瓶中，加水至刻度。将定容后的溶液过滤于锥形瓶中。

(3) 其他固体试样(如饼干、粉丝等)

称取 5.0～10.0 g 研磨均匀的试样，以少量水湿润并移入 100 ml 容量瓶中，然后加入 20 ml 四氯汞钠吸收液，浸泡 4 h 以上；若上层溶液不澄清可加入亚铁氰化钾及乙酸锌溶液各 2.5 ml，最后用水稀释至 100 ml 刻度，过滤后滤液备用。

(4) 液体试样(如葡萄酒等)

可直接吸取 5.0～10.0 ml 试样，置于 100 ml 的容量瓶中，以少量水稀释，加 20 ml 四氯汞钠吸收液，摇匀，最后加水至刻度，混匀，必要时过滤备用。

2. 标准曲线的绘制

吸取 0 ml、0.20 ml、0.40 ml、0.60 ml、0.80 ml、1.00 ml、1.50 ml、2.00 ml 二氧化硫标准使用液（相当于 0 μg、0.4 μg、0.8 μg、1.2 μg、1.6 μg、2.0 μg、3.0 μg、4.0 μg 二氧化硫），分别置于 25 ml 带塞比色管中，向各管中加入四氯汞钠吸收液至10 ml，然后再加入 1 ml 氨基磺酸铵溶液（12 g /L），1 ml 甲醛溶液（2 g/L）及 1 ml 盐酸副玫瑰苯胺溶液，摇匀，放置 20 min。用 1 cm 比色杯，以零管调节零点，于波长 550 nm 处测吸光度，绘制标准曲线。

3. 样品的测定

吸取 0.50～5.0 ml 试样处理液于 25 ml 带塞比色管中，加入四氯汞钠吸收液至 10 ml，然后再加入 1 ml 氨基磺酸铵溶液（12 g /L），1 ml 甲醛溶液（2 g/L）及 1 ml 盐酸副玫瑰苯胺溶液，摇匀，放置 20 min。同上进行比色测定。

**【实验结果计算】**

根据样品的吸光度，从标准曲线查得相应的二氧化硫含量。按下式计算样品中二氧化硫的含量：

$$X(\mathrm{mg/kg})=\frac{m_1}{m\times\frac{V}{100}\times 1\,000}\times 1\,000$$

式中，$X$——样品中二氧化硫的含量，mg/kg；

$m_1$——测定用样液中二氧化硫量的含量，mg；

$m$——样品质量，g；

$V$——测定用样液的体积，ml。

**【注意事项】**

1. 颜色较深的样品需用活性炭脱色。

2. 样品中加入四氯汞钠吸收液以后，溶液中的二氧化硫含量在 24 h 内稳定，测定需在 24 h 内进行。

3. 亚硝酸对反应有干扰，加入氨基磺酸铵是为了分解亚硝酸。

4. 盐酸副玫瑰苯胺中盐酸用量对显色有影响，加入量多显色浅，加入量少显色深，对测定结果有较明显的影响，因此需严格控制。

5. 显色时间对显色有影响，所以在显色时要严格控制显色时间。

**【思考题】**

1. 简述盐酸副玫瑰苯胺比色法测定亚硫酸盐的原理。

2. 二氧化硫标准溶液使用时为何要对其浓度进行标定？

# 实验十八　糖精钠的测定——高效液相色谱法

**【实验目的】**

1. 理解高效液相色谱法测定食品中糖精含量的基本原理；
2. 了解高效液相色谱仪的结构，掌握高效液相色谱仪的基本操作技术；
3. 掌握高效液相色谱分析的定量方法。

**【实验原理】**

试样加温除去二氧化碳和乙醇，调 pH 至近中性，过滤后进高效液相色谱仪。经反相色谱分离后，根据其标准溶液峰的保留时间进行定性，以其峰面积求出样品中被测物质的含量。

**【实验试剂】**

1. 甲醇：经 0.5 μm 滤膜过滤。
2. 氨水(1+1)：氨水加等体积水混合。
3. 乙酸铵溶液(0.02 mol/L)：称取 1.54 g 乙酸铵，加水至 1 000 ml 溶解，经 0.45 μm 滤膜过滤。
4. 糖精钠标准储备溶液：准确称取 0.085 1 g 经 120℃烘干 4 h 后的无水糖精钠，加水溶解定容至100 ml。经 0.45 μm 滤膜过滤，糖精钠含量为 1.0 mg/ml，作为储备溶液。
5. 糖精钠标准使用溶液：吸取糖精钠标准储备液 10 ml 放入 100 ml 容量瓶中，加水至刻度。经0.45 μm 滤膜过滤，该溶液每毫升相当于 0.10 mg 的糖精钠。
6. 0.08% NaOH、4% NaOH
7. HCl(1+1)
8. 0.2%$CuSO_4$
9. 无水乙醚

**【实验仪器】**

1. 高效液相色谱仪：附紫外检测器
2. K－D 浓缩器

**【实验方法】**

1. 样品处理

(1) 果汁、酒类：准确称取汁类样液 10 g 于小烧杯中，用氨水(1+1)调 pH 约为 7，移入 10 ml 容量瓶中，加水定容至刻度，摇匀，离心，上清液经 0.45 μm 滤膜过滤。

(2) 固体、半固体食品：准确称取 25 g 样品于透析膜中，加 0.08% NaOH 60 ml，制成糊状，将透析袋口扎紧，放于盛有 0.08%NaOH 200 ml 的烧杯中透析，过夜。在透析液烧杯中，加 HCl(1+1)0.8 ml，使呈中性，加 0.2% $CuSO_4$ 15 ml、4% NaOH 8 ml，混匀，30 min 后过滤。取滤液 100 ml 用水定容至 250 ml 分液漏斗中。加稀 HCl(1+1)，用无水乙醚 30 ml 提取残渣两次，合并乙醚提取液于 K-D浓缩器中，浓缩至干。加水溶解，再用氨水(1+1)调 pH 约为 7，移入 10 ml 容量瓶中，加水定容，经 0.45 μm 滤膜过滤。

2. 高效液相色谱参考条件

(1) 不锈钢色谱柱：250 mm×4.6 mm，内装粒径 YWG-$C_{18}$10 μm。

(2) 流动相：甲醇+0.02 mol/L 乙酸铵溶液(5+95)。

(3) 流速：1 ml/min。

(4) 检测器：紫外检测器，波长 230 nm，灵敏度 0.2AUFS。

(5) 进样量：10 μl。

3. 绘制标准曲线

分别吸取糖精钠标准使用溶液(0.10 mg/ml)0 ml、0.2 ml、0.4 ml、0.6 ml、0.8 ml、1.0 ml 于 10 ml 容量瓶中，用氨水(1+1)调 pH 约为 7，加水定容至刻度，摇匀。分别取10 μl 注入 HPLC 仪，以锋面积为纵坐标、浓度为横坐标，绘制标准曲线。

4. 样品的测定

吸取样品处理液 10 μl 注入高效液相色谱仪中进行分离，以其标准溶液峰的保留时间为依据进行定性，以其峰面积求出样液中被测物质的含量，供计算。

**【实验结果计算】**

样品中糖精钠的含量按下式计算：

$$X(\text{g/kg}) = \frac{c_s}{m \times \frac{V_1}{V_2} \times 1\,000} \times 1\,000$$

式中，$X$——样品中糖精钠的含量，g/kg；

$c_s$——样品峰面积查标准曲线对应质量，mg；

$m$——样品质量，g；

$V_1$——进样液体积，ml；

$V_2$——样品处理液体积，ml。

**【注意事项】**

1. 样品如为碳酸饮料类，应先水浴加温搅拌除去二氧化碳；如为配制酒类，应先水浴加热除去乙醇，再用氨水(1+1)调 pH 约为 7。

2. 固体、半固体样品为蜜饯、糕点、酱菜、冷饮等。

3. 糖精易溶于乙醚，而糖精钠难溶于乙醚，为了便于乙醚提取，使糖精钠转换为糖精，样品溶液需进行酸化处理。

4. 为防止用乙醚萃取时发生乳化，可在样品溶液中加入 $CuSO_4$ 和 NaOH，沉淀蛋白质；对于富含脂肪的样品，可先在碱性条件下用乙醚萃取脂肪，然后酸化，再用乙醚提取糖精。

【思考题】

1. 高效液相色谱分析的基本原理是什么？
2. 样品预处理的目的是什么？
3. 高效液相色谱法适用于哪些样品的测定？

# 实验十九　甜蜜素的测定——气相色谱法

【实验目的】

1. 理解气相色谱法测定食品中甜蜜素含量的基本原理；
2. 了解气相色谱仪的结构。掌握气相色谱法的基本操作技术。

【实验原理】

在酸性介质中，环己基氨基磺酸钠与亚硝酸反应，生成环己醇亚硝酸酯，利用气相色谱法进行定性定量。该法多用于饮料、蜜饯、凉果等样品中甜蜜素的检测。

【实验试剂】

1. 正己烷
2. 氯化钠
3. 层析用硅胶
4. 50 g/L 亚硝酸钠溶液：称取 50 g 亚硝酸钠溶解于 1 000 ml 蒸馏水中，置棕色瓶保存备用。
5. 10%硫酸溶液
6. 甜蜜素标准贮藏液(10 mg/ml)：称取环己基氨基磺酸钠标准品 1.000 0 g，用水溶解并定容至 100 ml。

【实验仪器】

气相色谱仪：附氢火焰离子化检测器

【实验方法】

1. 气相色谱参考条件

(1) 不锈钢色谱柱(M 型)：2 m×3 mm，内填 10%SE－30 的 Chromosorb W AW DMCS。

(2) 柱温 80℃,气化室,检测器温度 150℃。

(3) 流速:$N_2$ 40 ml/min,$H_2$ 30 ml/min,空气 300 ml/min。

2. 绘制标准曲线

吸取甜蜜素标准贮藏液(10 mg/ml)于 100 ml 容量瓶中,加水 20 ml,置冰浴中,加 50 g/L 亚硝酸钠溶液 5 ml、10%硫酸溶液 5 ml,混匀,冰浴中放置 30 min,不断摇动,加正己烷 10 ml、氯化钠 5 g,振摇 80 次,静置分层。吸取正己烷层 10 ml 于具塞离心管中,离心分离。分别取提取液 1 μl、2 μl、3 μl、4 μl、5 μl,注入 GC 仪中,绘制标准曲线。

3. 样品的测定

(1) 样品经处理后,准确称取已剪碎的固体样品 2 g 于研钵中,加少量硅胶研磨呈干粉状,用水溶解,定量转移至 100 ml 容量瓶中,用水洗研钵,并入容量瓶,定容至刻度,摇匀,1 h 后过滤。

(2) 准确吸取滤液 20 ml 于 100 ml 具塞比色管中,置冰浴中,加 50 g/L 亚硝酸钠溶液 5 ml、10%硫酸溶液 5 ml,混匀,冰浴中放置 30 min,不断摇动,加正己烷 10 ml、氯化钠 5 g,振摇 80 次,静置分层。吸取正己烷层 10 ml 于具塞离心管中,离心分离,上清液待测。

(3) 分别取提取液 1 μl、2 μl、3 μl、4 μl、5 μl,注入 GC 仪中,测得响应值,从标准曲线上查出相应含量。

(4) 若为液体样品,则省略第(1)步,其余同固体样品。

**【实验结果计算】**

按下式计算样品中甜蜜素的含量:

$$X(\mathrm{g/kg}) = \frac{m_1}{m \times \frac{V_1}{V_2} \times 1\,000} \times 1\,000$$

式中,$X$——样品中甜蜜素的含量,g/kg;

$m_1$——从标准曲线上查得的甜蜜素含量,mg;

$m$——称取样品的总质量,g;

$V_1$——进样体积,ml;

$V_2$——样品液的总体积,ml。

**【注意事项】**

1. 如样品中含有二氧化碳,先加热除去;如含有酒精,加 4%氢氧化钠溶液使其呈碱性,于沸水浴中加热除去后再称取。

2. 环己基氨基磺酸钠与亚硝酸钠的反应须在冰浴中进行。

3. 提取时也可采用超声提取法。

**【思考题】**

1. 简述气相色谱法测定食品中甜蜜素含量的基本原理。

2. 气相色谱法定性定量分析方法有哪些?

# 实验二十　亚硝酸盐的测定
## ——盐酸萘乙二胺比色法

**【实验目的】**

掌握盐酸萘乙二胺比色法测定食品中亚硝酸盐含量的基本原理和方法。

**【实验原理】**

样品经沉淀蛋白质、去除脂肪后,在弱酸性条件下,亚硝酸盐与对氨基苯磺酸重氮化后,再与盐酸萘乙二胺偶合形成紫红色化合物。

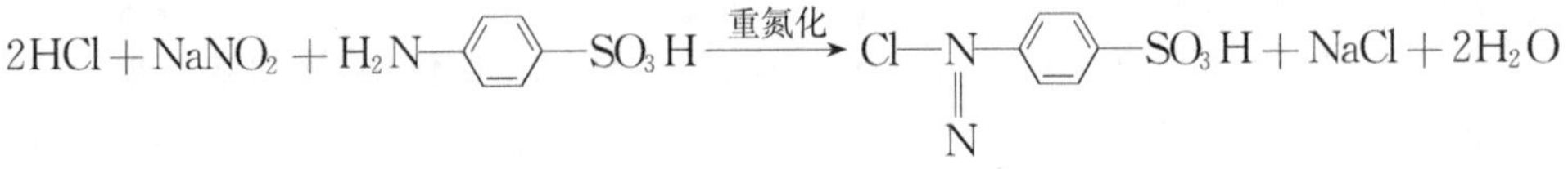


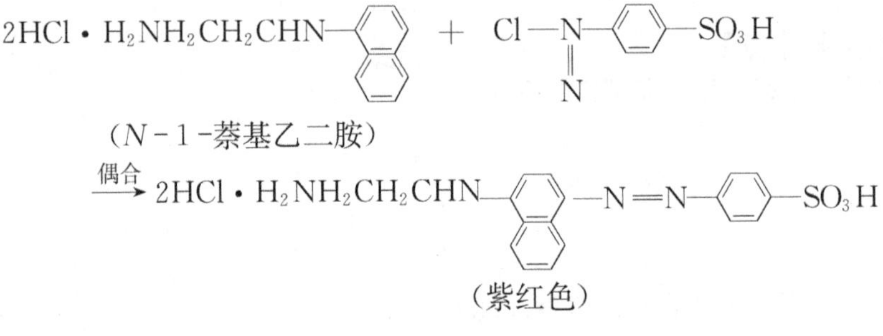


该化合物颜色深浅与亚硝酸盐含量成正比,其最大吸收波长为 538 nm,可在该波长下测定其吸光度,并与标准样品比较定量。

**【实验试剂】**

1. 亚铁氰化钾溶液:称取 10.6 g 亚铁氰化钾,用水溶解并稀释至 100 ml。

2. 乙酸锌溶液:称取 21.9 g 乙酸锌溶于少量水中,加入 3 ml 冰醋酸,加水稀释至 100 ml。

3. 饱和硼砂溶液:称取 5 g 硼酸钠,溶于 100 ml 热水中,冷却后备用。

4. 对氨基苯磺酸溶液(4 g/L):称取 0.4 g 对氨基苯磺酸,溶于 100 ml 盐酸(1+4)中,置棕色瓶中混匀,避光保存。

5. 盐酸萘乙二胺溶液(2 g/L)：称取 0.2 g 盐酸萘乙二胺，溶于 100 ml 水中，置棕色瓶中混匀，避光保存。

6. 亚硝酸钠标准贮备液(200 μg/ml)：精密称取 0.100 0 g 于硅胶干燥器中干燥 24 h 的亚硝酸钠，加水溶解后移入 500 ml 容量瓶中，用水定容。

7. 亚硝酸钠标准使用液(5 μg/ml)：临用前，吸取亚硝酸钠标准贮备液(200 μg/ml) 5.00 ml，置于 100 ml 容量瓶中，用水定容。

**【实验仪器】**

分光光度计、小型绞肉机、打浆机等。

**【实验方法】**

1. 样品处理

(1) 肉制品：称取经搅拌混合均匀的样品 5 g 于 50 ml 烧杯中，加入硼砂饱和溶液 12.5 ml，用玻璃棒搅拌，继以 70℃左右的重蒸水约 300 ml 将其冲洗入 500 ml 容量瓶中，置于沸水浴中加热 15 min；取出，一面转动，一面滴加 2.5 ml 乙酸锌溶液，以沉淀蛋白质。冷却至室温，用重蒸水定容至刻度，摇匀，放置 0.5 h，除去上层脂肪，清液用滤纸过滤，弃去初滤液 30 ml，取清澈滤液备用。(若为红烧肉类，则取其滤液 60 ml 于 100 ml 容量瓶中，加氢氧化铝溶液定容，摇匀，过滤，滤液应无色透明。)

(2) 果蔬类：样品用打浆机打碎。称取适量浆液置于 500 ml 容量瓶中，加 200 ml 水，摇匀后再加 100 ml 果蔬提取剂。振摇 1 h，加 2.5 mol/L 氢氧化钠溶液 40 ml，用蒸馏水定容后立即过滤。然后取 60 ml 于 100 ml 容量瓶中，加氢氧化铝溶液定容，摇匀，过滤，滤液应无色透明。

2. 绘制标准曲线

准确吸取亚硝酸钠标准使用液(5 μg/ml) 0.0 ml、0.2 ml、0.4 ml、0.6 ml、0.8 ml、1.0 ml、1.5 ml、2.0 ml、2.5 ml，分别置于 50 ml 容量瓶中，各加 2 ml 对氨基苯磺酸溶液(4 g/L)，摇匀，静置 3～5 min 后，各加入 1 ml 盐酸萘乙二胺溶液(2 g/L)，并用蒸馏水定容至刻度，摇匀，静置 15 min。同时做试剂空白。

用 2 cm 比色杯，以零管调节零点，于波长 538 nm 处测吸光度，绘制标准曲线。

3. 样品的测定

取 40 ml 样品滤液于 50 ml 容量瓶中，加 2 ml 对氨基苯磺酸溶液(4 g/L)，摇匀，静置 3～5 min 后，加入 1 ml 盐酸萘乙二胺溶液(2 g/L)，并用蒸馏水定容至刻度，摇匀，静置 15 min。

用 2 cm 比色杯，以零管调节零点，于波长 538 nm 处测定其吸光度。

**【实验结果计算】**

从标准曲线上查得相应的亚硝酸钠浓度，按下式计算样品中亚硝酸盐的含量：

$$X(\text{mg/kg}) = \frac{c}{m \times \frac{V_1}{V_2} \times 1\,000} \times 1\,000$$

式中，$X$——样品中亚硝酸盐的含量，mg/kg；

$c$——测定用样液中亚硝酸钠的质量，$\mu$g；

$m$——样品质量，g；

$V_1$——测定用样液体积，ml；

$V_2$——样品处理液总体积，ml。

**【注意事项】**

当亚硝酸盐含量高时，过量的亚硝酸盐可以将偶氮化合物氧化变成黄色，而使红色消失，这时可以采取先加入试剂，然后滴加样液，从而避免亚硝酸盐过量。

**【思考题】**

1. 简述亚硝酸盐的显色机理。
2. 为什么要用试剂空白作参比溶液？

# 实验二十一　硝酸盐的测定——镉柱法

**【实验目的】**

掌握镉柱法测定食品中硝酸盐含量的基本原理和方法。

**【实验原理】**

样品经沉淀蛋白质、除去脂肪后，得到样品提取液，提取液通过镉柱，使其中的硝酸根离子还原成亚硝酸根离子。反应如下：

$$Cd + NO_3^- \longrightarrow CdO + NO_2^-$$

在弱酸性条件下，亚硝酸盐与对氨基苯磺酸重氮化后，再与盐酸萘乙二胺偶合形成紫红色化合物。该化合物颜色深浅与亚硝酸盐含量成正比，其最大吸收波长为 538 nm，可在该波长下测定其吸光度，并与标准样品比较得出亚硝酸盐总量，由总量减去直接测得的亚硝酸盐含量即得硝酸盐含量。

**【实验试剂】**

1. 氨缓冲溶液(pH9.6～9.7)：量取 20 ml 盐酸，加 50 ml 水，混匀后加 50 ml 氨水，再加水稀释至 1 000 ml。
2. 稀氨缓冲液：量取 50 ml 氨缓冲溶液(pH9.6～9.7)，加水稀释至 500 ml。
3. 盐酸溶液(0.1 mol/L)：吸取 5 ml 盐酸，加水稀释至 600 ml。

4. 硝酸钠标准贮备液(200 μg/ml)：精密称取 0.123 2 g 于 110～120℃干燥恒量的硝酸钠，加水溶解后移入 500 ml 容量瓶中，用水定容。

5. 硝酸钠标准使用液(5 μg/ml)：临用前，吸取硝酸钠标准贮备液(200 μg/ml) 2.50 ml，置于 100 ml 容量瓶中，用水定容。

6. 亚硝酸钠标准使用液(5 μg/ml)：临用前，吸取亚硝酸钠标准贮备液(200 μg/ml) 5.00 ml，置于 100 ml 容量瓶中，用水定容。

7. 亚铁氰化钾溶液：称取 10.6 g 亚铁氰化钾，用水溶解并稀释至 100 ml。

8. 乙酸锌溶液：称取 21.9 g 乙酸锌溶于少量水中，加入 3 ml 冰醋酸，加水稀释至 100 ml。

9. 饱和硼砂溶液：称取 5 g 硼酸钠，溶于 100 ml 热水中，冷却后备用。

10. 对氨基苯磺酸溶液(4 g/L)：称取 0.4 g 对氨基苯磺酸，溶于 100 ml 盐酸(1+4)中，置棕色瓶中混匀，避光保存。

11. 盐酸萘乙二胺溶液(2 g/L)：称取 0.2 g 盐酸萘乙二胺，溶于 100 ml 水中，置棕色瓶中混匀，避光保存。

**【实验仪器】**

1. 镉柱(图 3.1)

(1) 海绵状镉粉的制备

投入足够的锌棒于 500 ml 硫酸镉溶液中(200 g/L)，经 3～4 h 后，当其中的镉全部被锌置换后，用玻璃棒轻轻刮下，取出残余锌棒，使镉沉底，倾去上清液；用水以倾泻法多次洗涤镉，然后将其移入粉碎机中，加 500 ml 水，捣碎约 2 s，用水将金属细粒洗至标准筛上，取 20～30 目之间的部分，置于试剂瓶中，用水封盖保存，备用。

(2) 镉柱的制备

取 25 ml 酸式滴定管数支，向柱底压入 1 cm 高玻璃棉作垫，上置一小漏斗，将新配制的镉粉带水加入柱内，边装边轻轻敲击柱，排除柱内空气，加镉粉至 8～10 cm 高，上面用 1 cm 高的玻璃棉覆盖，再上置一贮液漏斗。

当镉柱填装好后，先用 25 ml 盐酸溶液(0.1 mol/L)洗涤，再用水洗两次，每次 25 ml，调节柱流速至 3～5 ml/min。镉柱不用时用水封盖，随时都要保持水平面在镉层之上，不得镉层夹有气泡。

(3) 镉柱每次使用完毕后，应先用 25 ml 盐酸溶液(0.1 mol/L)洗涤，再用水洗两次，每次 25 ml，最后用水封盖。反应如下：

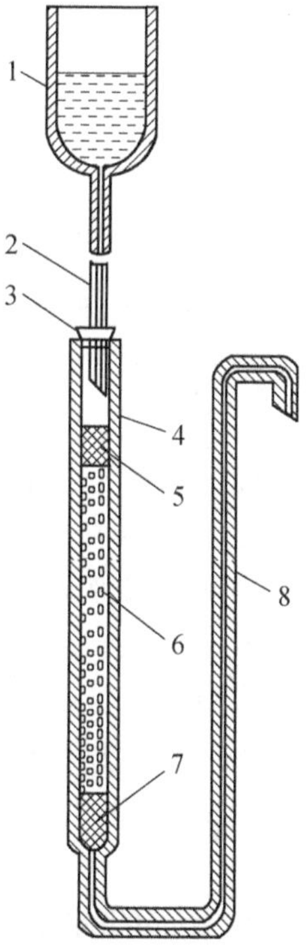


图 3.1　镉柱装置示意图

1. 贮液漏斗；2. 进液毛细管；3. 橡皮塞；4. 镉柱玻璃管；5. 玻璃棉；6. 海绵状镉；7. 玻璃棉；8. 出液毛细管

$$CdO+2HCl \rightarrow CdCl+2H_2O$$

(4) 镉柱还原效率的测定

吸取 20 ml 硝酸钠标准使用液，加入 5 ml 稀氨缓冲液，混匀后注入贮液漏斗，使流经镉柱还原，以原烧杯收集流出液；当贮液漏斗中样液流完后，再加 5 ml 水置换柱内留存的样液。

将全部收集液如前再经镉柱还原一次，第二次流出液收集于 100 ml 容量瓶中，继续以水流经镉柱洗涤三次，每次 20 ml，洗液一并收集于同一容量瓶中，加水至刻度，摇匀。

取 10～40 ml(视滤液中含亚硝酸盐量而定)还原后的溶液于 50 ml 容量瓶中，加 2 ml 对氨基苯磺酸溶液(4 g/L)，摇匀，静置 3～5 min 后，加入 1 ml 盐酸萘乙二胺溶液(2 g/L)，并用蒸馏水定容至刻度，摇匀，静置 15 min。

用 2 cm 比色杯，以零管调节零点，于波长 538 nm 处测定其吸光度。根据亚硝酸盐标准曲线计算还原效率。

$$还原效率(\%)=\frac{A}{10}\times 100$$

式中，$A$——测的亚硝酸盐的质量，μg；

10——测定用溶液相当于亚硝酸盐的质量，μg；

2. 分光光度计

## 【实验方法】

1. 样品处理

同盐酸萘乙二胺法测亚硝酸盐含量中处理方法。

2. 亚硝酸盐标准曲线的测定

准确吸取亚硝酸钠标准使用液(5 μg/ml)0. 0 ml、0. 2 ml、0. 4 ml、0. 6 ml、0. 8 ml、1. 0 ml、1. 5 ml、2. 0 ml、2. 5 ml，分别置于 50 ml 容量瓶中，各加 2 ml 对氨基苯磺酸溶液(4 g/L)，摇匀，静置 3～5 min 后，各加入 1 ml 盐酸萘乙二胺溶液(2 g/L)，并用蒸馏水定容至刻度，摇匀，静置 15 min。同时做试剂空白。

用 2 cm 比色杯，以零管调节零点，于波长 538 nm 处测吸光度，绘制标准曲线。

3. 样品的测定

(1) 先以 25 ml 稀氨缓冲液冲洗镉柱，流速控制在 3～5 ml/min(以滴定管代替的可控制在 2～3 ml/min)。

(2) 吸取 20 ml 处理过的样液于 50 ml 烧杯中，加 5 ml 氨缓冲溶液，混匀后注入贮液漏斗，使流经镉柱还原，以原烧杯收集流出液；当贮液漏斗中样液流完后，再加 5 ml 水置换柱内留存的样液。

(3) 将全部收集液如前再经镉柱还原一次，第二次流出液收集于 100 ml 容量瓶中，继续以水流经镉柱洗涤三次，每次 20 ml，洗液一并收集于同一容量瓶中，加水至刻度，摇匀。

(4) 亚硝酸盐总量的测定

取 40 ml(视滤液中含亚硝酸盐量而定)还原后的溶液于 50 ml 容量瓶中，加 2 ml 对氨基苯磺酸溶液(4 g/L)，摇匀，静置 3～5 min 后，加入 1 ml 盐酸萘乙二胺溶液(2 g/L)，并用蒸馏水定容至刻度，摇匀，静置 15 min。

用 2 cm 比色杯，以零管调节零点，于波长 538 nm 处测定其吸光度。

**【实验结果计算】**

按下式计算样品中硝酸盐的含量：

$$X(\mathrm{mg/kg}) = \frac{m_1 - m_2}{m \times \frac{V_1}{V_2} \times 1\,000} \times 1.232 \times 1\,000$$

式中，$X$——样品中硝酸盐的含量，mg/kg；

$m_1$——经镉柱还原后测得的亚硝酸钠的质量，μg；

$m_2$——直接测得的亚硝酸盐的质量，μg；

$m$——样品的质量，g；

$V_1$——测定用样液体积，ml；

$V_2$——样品处理液总体积，ml；

1.232——亚硝酸钠换算成硝酸钠的系数。

**【注意事项】**

1. 在制取海绵状镉和装填镉柱时最好在水中进行，勿使镉粒暴露于空气中以免氧化。镉柱每次使用完毕后，应先用 25 ml 盐酸溶液(0.1 mol/L)洗涤，再用水洗两次，每次 25 ml，最后用水覆盖镉柱。

2. 为保证硝酸盐测定结果准确，镉柱还原效率应当经常检查。

3. 在沉淀蛋白质时，乙酸锌溶液的用量不宜过多。否则，在经镉柱还原时，由于加 5 ml 氨缓冲溶液(pH9.6～9.7)而生成 $Zn(OH)_2$ 白色沉淀，堵塞镉柱，影响测定。

4. 镉是有害元素之一，在制作海绵状镉或处理镉柱时，其废弃液中含有大量的镉，不要将这些有害的镉放入下水道，要先经过处理。另外，不要用手直接接触镉，同时不要弄到皮肤上，一旦接触，要立即用水冲洗。

**【思考题】**

1. 简述硝酸盐作为发色剂的发色机理。

2. 在制备海绵状镉和装填镉粒时应注意哪些问题?

# 实验二十二　叔丁基羟基茴香醚(BHA)与2,6-二叔丁基对甲酚(BHT)的测定——气相色谱法

## 【实验目的】

学习气相色谱法测定BHA与BHT的实验原理和方法,掌握气相色谱法检测技术。

## 【实验原理】

样品中的叔丁基羟基茴香醚(BHA)和2,6-二叔丁基对甲酚(BHT)用石油醚提取,通过层析柱使BHA与BHT净化,浓缩后,经气相色谱分离后用氢火焰离子化检测器检测,根据试样峰高与标准峰高比较定量。

## 【实验试剂】

1. 石油醚:沸程30~60℃。
2. 二氯甲烷
3. 二硫化碳
4. 无水硫酸钠
5. 硅胶G:60~80目,于120℃活化4 h放干燥器备用。
6. 弗罗里矽土(Florisil):60~80目,于120℃活化4 h放干燥器中备用。
7. BHA、BHT混合标准储备液:准确称取BHA、BHT(纯度为99.0%)各0.1 g,混合后用二硫化碳溶解,定容至100 ml容量瓶中,此溶液分别为每毫升含1.0 mg BHA、BHT,置冰箱保存。
8. BHA、BHT混合标准使用液:吸取上述标准储备液4.0 ml于100 ml容量瓶中,用二硫化碳定容,此溶液分别为每毫升含0.04 mg BHA、BHT,置冰箱中保存。

## 【实验仪器】

1. 气相色谱仪:附FID检测器。
2. 蒸发器:容积200 ml。
3. 振荡器。
4. 层析柱:1 cm × 30 cm玻璃柱,带活塞。
5. 气相色谱柱:柱长1.5 m,内径3 mm的玻璃柱内装涂质量分数为10%的QF-1 Gas Chrom Q(80~100目)。

**【实验方法】**

1. 样品的制备

(1) 称取 500 g 含油脂较多的试样(固体)(若含油脂少则取 1 000 g),在玻璃乳钵中研碎,混合均匀后放置广口瓶内保存于冰箱中。

(2) 脂肪的提取

① 含油脂高的试样(如桃酥等):称取 50 g,混合均匀,置于 250 ml 具塞锥形瓶中,加入 50 ml 石油醚(沸程为 30～60℃),放置过夜,用快速滤纸过滤后,减压回收溶剂,残留脂肪备用。

② 含油脂中等的试样(如蛋糕、江米条等):称取 100 g 左右,混合均匀,置于 500 ml 具塞锥形瓶中,加入 100～200 ml 石油醚(沸程为 30～60℃),放置过夜,用快速滤纸过滤后,减压回收溶剂,残留脂肪备用。

③ 含油脂少的试样(如面包、饼干等):称取 250～300 g,混合均匀后,置于 500 ml 具塞锥形瓶中,加入适量石油醚(沸程为 30～60℃)浸泡,放置过夜,用快速滤纸过滤后,减压回收溶剂,残留脂肪备用。

(3) 净化处理

① 层析柱的制备

于层析柱底部加入少量玻璃棉、少量无水硫酸钠,将硅胶-弗罗里矽土(6+4)共 10 g,用石油醚湿法混合装柱,柱顶部再加入少量无水硫酸钠。

② 脂肪提取物净化处理

称取经上述方法提取的脂肪 1.50～2.00 g,放入 50 ml 烧杯中,加 30 ml 石油醚溶解,转移到层析柱上,再用 10 ml 石油醚分数次洗涤烧杯,并转入到层析柱。用 100 ml 三氯甲烷分五次淋洗,合并淋洗液,减压浓缩近干时,用二硫化碳定容至 2.0 ml,该溶液为待测溶液。

(4) 植物油样品的制备

直接称取均匀试样 2.00 g,放入 50 ml 烧杯中,加 30 ml 石油醚溶解,转移到层析柱上,再用 10 ml 石油醚分数次洗涤烧杯,并转入到层析柱。用 100 ml 三氯甲烷分五次淋洗,合并淋洗液,减压浓缩近干时,用二硫化碳定容至 2.0 ml,该溶液为待测溶液。

2. 测定

(1) 气相色谱条件

检测器:FID。

温度:检测室温度 200℃,进样口温度 200℃,柱温 140℃。

载气流量:氮气 70 ml/min;氢气 50 ml/min;空气 500 ml/min。

(2) 吸取 3 μl BHA、BHT 混合标准使用液注入气相色谱仪,绘制色谱图,分别量取各组分峰高或面积。

(3) 进 3 μl 试样待测溶液(应视试样含量而定),绘制色谱图,分别量取峰高或面积,与标准峰高或面积比较计算含量。

**【实验结果计算】**

1. 待测溶液 BHA(或 BHT)的质量按下式进行计算:

$$m_1 = \frac{h_i}{h_s} \times \frac{V_m}{V_i} \times V_s \times C_s$$

式中,$m_1$——待测溶液 BHA(或 BHT)的质量,mg;

$h_i$——注入层析柱试样中 BHA(或 BHT)的峰高或面积;

$h_s$——标准使用液中 BHA(或 BHT)的峰高或面积;

$V_i$——注入层析柱试样溶液的体积,ml;

$V_m$——待测试样定容的体积,ml;

$V_s$——注入层析柱中标准使用液的体积,ml;

$C_s$——标准使用液的浓度,mg/ml。

2. 食品中以脂肪计 BHA(或 BHT)的含量计算

$$X(\text{g/kg}) = \frac{m_1 \times 1\,000}{m_2 \times 1\,000}$$

式中,$X$——食品中以脂肪计 BHA(或 BHT)的含量,g/kg;

$m_1$——待测液中 BHA(或 BHT)的质量,mg;

$m_2$——油脂(或食品中脂肪)的质量,g。

**【注意事项】**

1. 抗氧化剂随存放时间延长,其含量逐渐下降,因此采集来的样品应及时检测,不宜久存。

2. 脂肪过柱净化处理时应注意:待湿法装柱后,石油醚自层析柱停止流出时,立即将样品提取液倾入柱内,以防止时间过长柱层断裂,影响净化效果。

3. 抗氧化剂在层析柱中停留时间不宜过长,一般以 72 滴/min 淋洗为好。

**【思考题】**

1. 简述气相色谱法测定 BHA 与 BHT 的原理。

2. 分析气相色谱实验操作中常见问题原因及解决方法。

# 实验二十三　没食子酸丙酯(PG)的测定——比色法

**【实验目的】**

1. 掌握比色法测定 PG 的实验原理和方法；
2. 掌握分光光度计的使用方法。

**【实验原理】**

样品中的没食子酸丙酯(PG)经石油醚溶解，用乙酸铵水溶液提取后，与亚铁酒石酸盐呈紫色反应，于波长 540 nm 测吸光度，进行定量分析。

**【实验试剂】**

1. 石油醚：沸程 30～60℃。
2. 乙酸铵溶液(10%及 1.67%乙酸铵水溶液)
3. 显色剂：称取 0.1 g 硫酸亚铁、0.5 g 酒石酸钾钠，加水溶解并定容至 100 ml，临用前现配。
4. PG 标准溶液(50 μg/ml)：称取 0.010 0 g PG 溶于水，移入 200 ml 容量瓶中，并稀释至刻度。

**【实验仪器】**

1. 分光光度计
2. 分析天平

**【实验方法】**

1. 绘制标准曲线

吸取 PG 标准溶液(50 μg/ml)0.0 ml、2.0 ml、4.0 ml、8.0 ml、12.0 ml、16.0 ml、20.0 ml，分别置于 50 ml 容量瓶中，各加 10%乙酸铵液 5 ml，混匀，再各加显色剂 2 ml，用水稀释至刻度，摇匀。

用 1 cm 比色皿，于波长 540 nm 处，以空白管调零，测吸光度，绘制标准曲线。

2. 测定样品

称取样品 10 g 于分液漏斗中，加石油醚 100 ml，混匀，加 1.67%乙酸铵液 20 ml，振摇 2 min。静置，分层，再重复一次，合并水层于另一分液漏斗中。用滤纸过滤于 100 ml 容量瓶中，水洗，将洗液并于 100 ml 容量瓶中，加 10%乙酸铵液 2.5 ml，用水定容后摇匀，过滤。收集滤液于锥形瓶中。

吸取滤液 40 ml 于 50 ml 容量瓶中，加显色剂 2 ml，用水稀释至刻度，摇匀。用 1 cm 比色皿，于波长 540 nm 处，以空白管调零，测吸光度，定量。

**【实验结果计算】**

从标准曲线上查得相应的 PG 含量，按下式计算样品中 PG 的含量：

$$X(\mathrm{g/kg})=\frac{m_1\times 1\,000}{m\times\dfrac{V_1}{V}\times 1\,000\times 1\,000}$$

式中，$X$——试样中 PG 的含量，g/kg；

$m_1$——测定用样液中 PG 的质量，μg；

$m$——样品质量，g；

$V$——提取后样液总体积，ml；

$V_1$——测定用吸取样液的体积，ml。

**【注意事项】**

在重复性条件下获得的两次独立测定结果的绝对差值不得超过算术平均值的 10%。

**【思考题】**

没食子酸丙酯主要可以作为哪些食品的抗氧化剂？

# 实验二十四　苯甲酸和山梨酸的测定——气相色谱法

**【实验目的】**

1. 了解气相色谱仪的基本原理及分析过程；
2. 掌握气相色谱分析法操作技术；
3. 掌握定量分析中的外标法。

**【实验原理】**

试样酸化后，用乙醚提取苯甲酸、山梨酸，用附氢火焰离子化检测器的气相色谱仪进行分离测定，与标准系列比较定量。

**【实验试剂】**

1. 乙醚：不含过氧化物。
2. 石油醚：沸程 30～60℃。
3. 盐酸（1+1）：取 100 ml 浓盐酸，加水稀释至 200 ml。
4. 无水硫酸钠
5. 氯化钠酸性溶液（40 g/L）：于氯化钠溶液（40 g/L）中加少量盐酸（1+1）酸化。
6. 石油醚-乙醚混合液（3+1）。

7. 苯甲酸、山梨酸标准溶液：准确称取苯甲酸、山梨酸各 0.2000 g，置于 100 ml 容量瓶中，用石油醚-乙醚(3+1)混合溶剂溶解后并稀释至刻度。此溶液每毫升相当于 2.0 mg 苯甲酸或山梨酸。

8. 苯甲酸、山梨酸标准使用液：吸取适量的苯甲酸、山梨酸标准溶液，以石油醚-乙醚(3+1)混合溶剂稀释至每毫升相当于 50 μg、100 μg、150 μg、200 μg、250 μg 苯甲酸或山梨酸。

## 【实验仪器】

气相色谱仪：附氢火焰离子化检测器

## 【实验方法】

1. 样品的提取

称取 2.50 g 混合均匀的样品于 25 ml 带塞量筒中，加 0.5 ml 盐酸(1+1)酸化，分别用 15 ml、10 ml 乙醚提取两次，每次振摇 1 min；将上层乙醚提取液吸入另一个 25 ml 带塞量筒中，合并乙醚提取液。用 3 ml 氯化钠酸性溶液(40 g/L)洗涤两次，静置 15 min；用滴管将乙醚层通过无水硫酸钠滤入 25 ml 容量瓶中，加乙醚至刻度，混匀。准确吸取 5 ml 乙醚提取液于 5 ml 带塞刻度试管中，置 40℃水浴上挥干，加入 2 ml 石油醚-乙醚(3+1)混合溶剂溶解残渣，备用。

2. 色谱参考条件

(1) 色谱柱：玻璃柱，3 mm×2 mm 内径，内装涂以质量分数为 5%DEGS+1%磷酸固定液的 60～80 目 Chromosorb WAW。

(2) 气流速度：载气为氮气，50 ml/min(氮气和空气、氢气之比按各仪器型号不同选择各自的最佳比例条件)。

(3) 温度：进样口 230℃；检测器 230℃；柱温 170℃。

3. 测定

(1) 标准曲线的绘制：将标准系列中各浓度标准使用液分别进样 2 μl，可测得不同浓度苯甲酸、山梨酸的峰高，以浓度为横坐标，相应的峰高值为纵坐标，绘制标准曲线。

(2) 进样 2 μl 样品处理液，测得峰高与标准曲线比较定量。

## 【实验结果计算】

试样中苯甲酸或山梨酸的含量按下式进行计算：

$$X(\text{mg/kg}) = \frac{m_1}{m \times \frac{5}{25} \times \frac{V_1}{V_2} \times 1\,000} \times 1\,000$$

式中，$X$——样品中苯甲酸或山梨酸的含量，mg/kg；

$m_1$——测定用样液中苯甲酸或山梨酸的质量，μg；

$m$——样品质量，g；

$V_1$——测定时进样的体积，μl；

$V_2$——加入石油醚-乙醚（3+1）混合溶剂的体积，ml；

5——测定时吸取乙醚提取液的体积，ml；

25——试样乙醚提取液的总体积，ml。

**【注意事项】**

1. 样品处理时酸化可使苯甲酸钠、山梨酸钾转变为苯甲酸、山梨酸。
2. 乙醚提取液应用无水硫酸钠充分脱水，进样溶液中含水会影响测定结果。
3. 由测得苯甲酸的质量乘以 1.18，即为试样中苯甲酸钠的含量。

**【思考题】**

1. 样品处理时，酸化的目的是什么？
2. 气相色谱法定性的依据是什么？用已知物对照法定性时应注意什么？
3. 气相色谱法测定中用外标法定量有何优缺点？

# 实验二十五　水产品中明矾的测定——EDTA 滴定法

**【实验目的】**

掌握滴定法测定水产品中明矾的原理及方法。

**【实验原理】**

明矾化学名为硫酸铝钾[$KAl(SO_4)_2 \cdot 12H_2O$]。在酸性条件下，加入定量的 EDTA 标准溶液，EDTA 与铝离子形成稳定的络合物，再调节溶液为 pH 5.5，用锌标准溶液滴定多余的 EDTA 溶液，从而测得样品中铝的含量。

**【实验试剂】**

1. 0.03 mol/L EDTA 溶液：称取 11.5 g EDTA 固体溶于 1 000 ml 水中（必要时加热溶解），摇匀，置于带玻璃塞的试剂瓶中。

2. 氨水溶液（1+1）：分别量取 50 ml 氨水和水，混匀。

3. 乙酸钠缓冲溶液（pH4.2）：称取 54 g 乙酸钠（$NaAc \cdot 3H_2O$）固体溶于水中，加 10 ml 冰醋酸，用水稀释至 1 000 ml，摇匀。

4. 六次甲基四胺缓冲溶液（pH5.4）：称取 40 g 六次甲基四胺固体溶于水中，加入 80 ml 浓盐酸，摇匀。

5. 0.5%二甲酚橙指示剂：称取 0.5 g 二甲酚橙粉末，溶于 100 ml 水中，摇匀。

6. 稀盐酸溶液(1+1)：分别量取 50 ml 浓盐酸和水，混匀。

7. 0.01 mol/L 锌标准溶液：准确称取在 800℃灼烧至恒温的基准氧化锌约 0.82 g(准确至 0.000 1 g)于 50 ml 烧杯中，加入稀盐酸溶液(1+1)20 ml 溶解，定容 1 000 ml。锌标准溶液的浓度按下式计算。

$$c(\mathrm{mol/L})=\frac{m}{81.39\times 1}$$

式中，$c$——锌标准溶液的浓度，mol/L；

81.39——氧化锌的摩尔质量，g/mol；

$m$——称取的氧化锌质量，g。

**【实验仪器】**

分析天平、滴定管等。

**【实验方法】**

称取 20 g 混匀捣碎的样品，放入烧杯内加水煮沸，冷却至室温后，过滤于 500 ml 容量瓶中，用水稀释至刻度。

吸取样液 10 ml 溶液于 250 ml 锥形瓶中，准确加入 EDTA 溶液 4 ml，加二甲酚橙指示剂 1 滴，滴加氨水溶液(1+1)至溶液变红(刚刚变红即可)。再滴加稀盐酸溶液(1+1)至溶液变黄并过量 3 滴，加 10 ml 乙酸钠缓冲溶液，煮沸 1 min 后，冷却至室温。用氨水溶液(1+1)调至溶液刚刚变红后，再用稀盐酸溶液(1+1)调至溶液变黄，加入六次甲基四胺缓冲溶液 20 ml 二甲酚橙指示剂 2 滴，用 0.01 mol/L 锌标准溶液滴定至溶液由黄色变为酒红色为终点。同时做空白试验。

**【实验结果计算】**

样品中的明矾含量按下式计算：

$$X(\mathrm{g/100\ g})=\frac{c\times(V_0-V)\times 0.4742}{m\times\frac{100}{500}}\times 100$$

式中，$X$——样品中的明矾的含量，g/100 g；

$c$——锌标准溶液的浓度，mol/L；

$V$——滴定样品时所用锌标准溶液的体积，ml；

$V_0$——滴定空白时所用锌标准溶液的体积，ml；

$m$——样品质量，g；

0.474 2——明矾[$KAl(SO_4)_2\cdot 12H_2O$]的毫摩尔质量，g/mmol。

**【注意事项】**

如煮沸过程溶液变红，表明溶液中铝含量高，须再补加 EDTA 溶液。

**【思考题】**

1. 明矾作为食品添加剂有何作用？主要适用哪些食品？
2. 明矾在食品中过量使用对人体有什么危害？

# 第四章　食品中矿物元素的测定

## 实验二十六　食品中锌的测定——双硫腙比色法

**【实验目的】**

了解双硫腙比色法测锌含量的原理操作。

**【实验原理】**

锌离子与双硫腙能在 pH4.0～5.0 的条件下生成紫红色络合物。该络合物用四氯化碳萃取，530 nm 处测定吸光度，与标准系列比较定量。本方法的检出限为 2.5 mg/kg。

**【实验试剂】**

1. 乙酸-乙酸盐缓冲液：乙酸钠溶液（2 mol/L）与乙酸（2 mol/L）等量混合，此溶液 pH 为 4.7 左右。用双硫腙-四氯化碳溶液（0.1 g/L）提取数次，每次 10 ml，除去其中的锌，至四氯化碳层绿色不变为止；弃去四氯化碳层，再用四氯化碳提取乙酸-乙酸盐缓冲溶液中过剩的双硫腙，至四氯化碳无色，弃去四氯化碳层。

2. 硝酸-高氯酸（4+1）

3. 浓硫酸

4. 氨水（1+1）

5. 2 mol/L 盐酸：量取 10 ml 盐酸，加水稀释至 60 ml。

6. 0.02 mol/L 盐酸：吸取 1 ml 盐酸（2 mol/L）加水稀释至 100 ml。

7. 盐酸羟胺溶液（200 g/L）

8. 硫代硫酸钠溶液（250 g/L）

9. 双硫腙-四氯化碳（0.1 g/L）

10. 双硫腙使用液：吸取 1.0 ml 双硫腙-四氯化碳溶液（0.1 g/L），加四氯化碳至 10 ml，混匀。用 1 cm 比色皿，以四氯化碳调节零点，于波长 530 nm 处测吸光度（$A$），用下式计算出配制 100 ml 双硫腙使用液（57%透光率）所需的双硫腙-四氯化碳溶液（0.10 g/L）ml数（$V$）。

$$V = \frac{10 \times (2 - \lg 57)}{A} = \frac{2.24}{A}$$

11. 锌标准溶液：准确称取 0.100 0 g 锌，加 10 ml 盐酸(2 mol/L)，溶解后移入 1 000 ml 容量瓶中，加水稀释至刻度。此溶液每毫升相当于 100.0 μg 锌。

12. 锌标准使用液：吸取 1.0 ml 锌标准溶液，置于 100 ml 容量瓶中，加 1 ml 盐酸(2 mol/L)，以水稀释至刻度。此溶液每毫升相当于 1.0 μg 锌。

13. 酚红指示剂(1 g/L)：称取 0.1 g 酚红，用乙醇溶解至 100 ml。

## 【实验仪器】

分光光度计。

## 【实验方法】

1. 样品消化

(1) 准确称取试样。粮食、谷物类等含水量少的粉碎后称 2.000 0～10.000 0 g，置于 500 ml 凯氏烧瓶中。果蔬类等含水量多的匀浆后，应适当多取(10.000 0～20.000 0 g)。

(2) 将试样置于 500 ml 凯氏烧瓶中，加玻璃珠数粒，加入 10～15 ml 硝酸-高氯酸，放置片刻，小火加热，待作用缓和，放冷。沿壁加入 5～10 ml 硫酸，加热至瓶中液体开始变成棕色时，不断加入硝酸-高氯酸至有机质分解完全。加大火力，至溶液变为无色或微黄色，放冷。加 20 ml 水煮沸，至二氧化氮黄烟逸尽，如此处理两次，放冷。将冷却后的溶液移入 50 ml 或 100 ml 容量瓶中，用水洗涤凯氏烧瓶，洗液并入容量瓶中，加水至刻度，混匀。

(3) 同时按同一方法做不加样品的空白试验。

2. 测定

(1) 准确吸取 5～10 ml 定容的消化液和相同量的试剂空白液，分别置于 125 ml 分液漏斗中，加 5 ml 水、0.5 ml 盐酸羟胺溶液(200 g/L)，摇匀；再加 2 滴酚红指示剂，用氨水(1+1)调节至红色；再加 2 滴酚红指示剂、5 ml 双硫腙-四氯化碳溶液振摇提取，每次 2～3 ml，直至双硫腙-四氯化碳绿色不变为止。合并提取液，用 5 ml 水洗涤，然后将四氯化碳层用盐酸(0.02 mol/L)提取 2 次，每次 10 ml，提取时剧烈振摇 2 min。合并盐酸(0.02 mol/L)提取液，并用少量四氯化碳洗去残留的双硫腙。

(2) 吸取 0 ml、1.0 ml、2.0 ml、3.0 ml、4.0 ml、5.0 ml 锌标准使用液(相当于 0 μg、1.0 μg、2.0 μg、3.0 μg、4.0 μg、5.0 μg 锌)，分别置于 125 ml 分液漏斗中加 10 ml 乙酸-乙酸盐缓冲液、1 ml 硫代硫酸钠溶液(250 g/L)，摇匀，再各加入 10.0 ml 双硫腙使用液，剧烈振摇 2 min。静置分层后，经脱脂棉将四氯化碳层滤入 1 cm 比色皿，以四氯化碳调节零点，于波长 530 nm 处测吸光度，绘制标准曲线，并查出样品溶液的锌浓度。

## 【实验结果计算】

按下式计算样品中锌的含量：

$$X(\text{mg/kg}) = \frac{(c - c_0) \times V \times 1\,000}{m \times V_1 \times 1\,000}$$

式中，$X$——试样中锌的含量，mg/kg 或 mg/L；

$c$——测定用试样中锌的含量，μg/ml；

$c_0$——试剂空白液中锌的含量，μg/ml；

$V$——试样消化液总体积，ml；

$V_1$——测定用消化液体积，ml；

$m$——样品质量或体积，g 或 ml。

**【注意事项】**

1. 测定所用的玻璃仪器需用 10%的硝酸浸泡 24 h 以上，并用不含锌的蒸馏水冲洗干净。

2. 萃取时振荡时间必须充分，以保证锌离子充分转变为双硫腙-锌螯合物，且要求各管振摇时间、强度、次数一致。

**【思考题】**

加入硫代硫酸钠、盐酸羟胺的目的是什么？

## 实验二十七　食品中锌的测定——原子吸收光谱法

**【实验目的】**

1. 了解原子吸收光谱分析法测定锌含量的原理及操作；
2. 掌握原子吸收光谱法的定量方法；
3. 学会原子吸收分光光度计的操作。

**【实验原理】**

每种元素的原子都能够吸收特定波长的光能，而吸收的能量值与该光路中该元素的原子数成正比。待测样品经处理后，导入原子吸收分光光度计中，原子化以后，吸收 213.8 nm 共振线，其吸光度与锌量成正比，与标准系列比较定量。本方法的检出限为 0.4 mg/kg。

**【实验试剂】**

1. 磷酸(1+10)
2. 盐酸(1+11)
3. 硝酸+高氯酸混合酸(3+1)

4. 锌标准储备溶液：精密称取 0.500 0 g 金属锌(99.99%)，溶于 10 ml 盐酸中，然后在水浴上蒸发至近干，用少量水溶解后移入 1 000 ml 容量瓶中，以水稀释至刻度。贮于聚乙烯瓶中，此溶液每毫升相当于 0.5 mg 锌。

5. 锌标准使用液：吸取 10.0 ml 锌标准溶液置于 50 ml 容量瓶中，以 0.1 mol/L 盐酸稀释至刻度，此溶液每毫升相当于 100 μg 锌。

**【实验仪器】**

原子吸收分光光度计

**【实验方法】**

1. 样品处理

(1) 粮食、谷物类洗净，必要时去除外壳，磨碎过 40 目筛，混匀。称2.000 0～5.000 0 g。果蔬类应洗净晾干后打碎，适当多取(10.000 0～20.000 0 g)，置于瓷坩埚中加 1 ml 磷酸。禽、蛋、水产品及乳制品取可食部分混匀，称5.000 0～10.000 0 g，置于瓷坩埚中，加 1 ml 磷酸。乳类经混匀后，量取50 ml，置于瓷坩埚中，加 1 ml 磷酸，水浴蒸干。

(2) 将试样在可调电炉上小火炭化至无烟。

(3) 炭化好的试样移入马弗炉中，(500±20)℃灰化 8 h。若灰分中有黑色炭粒，应取出坩埚，放冷至室温，加混合酸浸湿，小火蒸干。再移入马弗炉中灰化直至灰分变为白色或灰白色为止。

(4) 灰化完全后，以 10 ml 盐酸溶解，移入 50 ml 容量瓶中，用稀盐酸冲洗坩埚多次，合并洗液，并释至刻度，摇匀备用。

(5) 同时按同一方法做不加样品的空白试验。

2. 测定

吸取 0 ml、0.10 ml、0.20 ml、0.40 ml、0.80 ml 锌标准使用液，分别置于 50 ml 容量瓶中，以 1 mol/L 盐酸稀释至刻度，混匀(各容量瓶中每毫升分别相当于 0 μg、0.2 μg、0.4 μg、0.8 μg、1.6 μg 锌)。

将处理后的样液、试剂空白液和各容量瓶中锌标准液分别导入火焰进行测定。参考测定条件：灯电流 6 mA，波长 213.8 nm，狭缝 0.38 nm，空气流量 10 L/min，乙炔流量 2.3 L/min，灯头高度 3 mm，氘灯背景校正(也可根据仪器型号，调至最佳条件)，以锌含量对应吸光度，绘制标准曲线比较。

**【实验结果计算】**

按下式计算样品中锌的含量：

$$X(\text{mg/kg}) = \frac{(c - c_0) \times V \times 1\,000}{m \times 1\,000}$$

式中，$X$——试样中锌的含量，mg/kg 或 mg/L；

$c$——测定用试样中锌的含量，μg/ml；

$c_0$——试剂空白液中锌的含量，μg/ml；

$V$——试样处理定容体积，ml；

$m$——样品质量，g 或 ml。

**【注意事项】**

本实验中用到的所有玻璃仪器均以硝酸溶液(1+9)浸泡 2 h 以上，用去离子水冲洗后晾干或烘干后方可使用。

**【思考题】**

测定食品中锌含量有什么意义？

# 实验二十八　食品中铜的测定——二乙胺基二硫代甲酸钠比色法

**【实验目的】**

掌握二乙胺基二硫代甲酸钠比色法测定铜含量的原理和方法。

**【实验原理】**

二乙胺基二硫代甲酸钠法也称为 DDTC 法，铜试剂法。

样品经消化后，在碱性溶液中(pH=9～11)，铜离子与二乙胺基二硫代甲酸钠(又称铜试剂、铜锌灵)作用，生成棕黄色络合物。此络合物用四氯化碳萃取后，于 440 nm 处测定吸光度，与标准系列比较定量。本方法的检出限为 2.5 mg/kg。

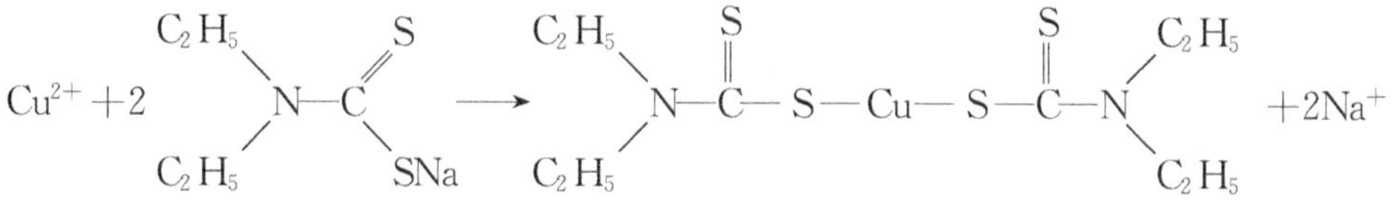


黄色络合物

**【实验试剂】**

1. 柠檬酸铵-乙二胺四乙酸二钠溶液：称取 20 g 柠檬酸铵及 5 g 乙二胺四乙酸二钠溶于水中，加水稀释至 100 ml。

2. 铜试剂溶液：称取 0.1 g 二乙胺基二硫代甲酸钠，溶于水并稀释至 100 ml，贮于冰箱中。

3. 铜标准储备液：精密称取 1.000 0 g 金属铜(99.99%)，分次加入硝酸溶解，总量不超过 37 ml，移入 1 000 ml 容量瓶中，用水稀释至刻度。此溶液含铜量相当于 1 mg/ml。

4. 铜标准使用液：准确吸取 10 ml 铜标准储备液于 1 000 ml 容量瓶中，1 mol/L的硫酸溶液定容。此溶液含铜量相当于 10 μg/ml。

5. 硝酸溶液(1+1)

6. 硝酸溶液(1+4)

7. 硫酸溶液(1+17)

8. 氨水(1+1)

9. 四氯化碳

**【实验仪器】**

1. 石英坩埚

2. 分析天平

3. 分光光度计

4. 消化装置

**【实验方法】**

1. 样品处理

(1) 称取肉类匀浆样品 2.000 0～5.000 0 g，果蔬类应先洗净后适当多取(15.000 0～20.000 0 g)，并于干燥箱中烘干。乳粉、粮食及制品类等含水量少的固体样品应先粉碎(取样量为 1.000 0～2.000 0 g)。

(2) 置于石英坩埚中，在可调电炉上炭化，为防止试样溅出，开始时用小火加热，待大烟冒过后提高温度直至不冒烟。

(3) 移入马弗炉中，(490±25)℃灰化 4 h。若灰分中有黑色炭粒，应取出坩埚，放冷至室温，加硝酸(1+1)浸湿，小火蒸干。再移入马弗炉中灰化直至灰分变为白色或灰白色为止。冷却后取出，以 1 ml 硝酸(1+4)溶解 4 次，移入 25 ml 容量瓶中，用水稀释至刻度，备用。

(4) 同时按同一方法做不加样品的空白试验。

2. 测定

(1) 吸取定容后的 10.0 ml 溶液和同量的试剂空白液，分别置于 125 ml 分液漏斗中，加水稀释至 20 ml。

(2) 吸取 0 ml、0.50 ml、1.00 ml、1.50 ml、2.00 ml、2.50 ml 铜标准使用液(相当于 0 μg、5.00 μg、10.00 μg、15.00 μg、20.00 μg、25.00 μg 铜)。分别置于 125 ml 分液漏斗中，各加硫酸溶液至 20 ml。

(3) 于样品消化液、试剂空白液和铜标准液中各加 5 ml 柠檬酸铵、乙二胺四乙酸二钠溶液和 3 滴酚红指示液，混匀，用氨水调至红色。

(4) 然后各加 2 ml 铜试剂溶液和 10.0 ml 四氯化碳，剧烈振摇 2 min。

(5) 静置分层后，将四氯化碳层经脱脂棉滤入 2 cm 比色皿中，以零管调节零点，于波长 440 nm 处测吸光度。

(6) 以标准工作液中铜的浓度为横坐标，吸光度为纵坐标，绘制标准曲线，并查出样品溶液的铜浓度。

(7) 按以上步骤，对同一样品进行平行实验。

**【实验结果计算】**

按下式计算样品中铜的含量：

$$X(\text{mg/kg}) = \frac{(c - c_0) \times V \times 1\,000}{m \times 1\,000}$$

式中，$X$——试样中铜的含量，mg/kg；

$c$——测定用试样中铜的含量，μg/ml；

$c_0$——试剂空白液中铜的含量，μg/ml；

$V$——试样处理定容体积，ml；

$m$——样品质量，g。

**【注意事项】**

铜离子与铜试剂生成的棕黄色络合物遇光不稳定，应避光操作。

**【思考题】**

本实验中，加入柠檬酸铵-乙二胺四乙酸二钠溶液的作用是什么？

# 实验二十九　食品中铜的测定——原子吸收光谱法

**【实验目的】**

1. 掌握原子吸收光谱分析法测定食品中铜含量的方法；
2. 掌握原子吸收光谱法的定量方法；
3. 学会原子吸收分光光度计的操作。

**【实验原理】**

每种元素的原子都能够吸收特定波长的光能，而吸收的能量值与该光路中该元素的原子数成正比。本实验试样处理后，导入原子吸收分光光度计中，原子化以后，在 324.8 nm 处测定，与标准系列比较定量。本方法的检出限为 1.0 mg/kg。

【实验试剂】

1. 硝酸溶液(1+1)

2. 铜标准储备液：精密称取 1.000 0 g 金属铜(99.99%)，分次加入硝酸溶解，总量不超过 37 ml，移入 1 000 ml 容量瓶中，用水稀释至刻度。此溶液含铜量相当于 1 mg/ml。

3. 铜标准使用液：准确吸取 10 ml 铜标准储备液于 1 000 ml 容量瓶中，加水定容。此溶液含铜量相当于 10 μg/ml。

【实验仪器】

1. 分析天平

2. 石英坩埚

3. 用于试样匀质的机械设备

4. 消化装置

5. 原子吸收分光光度计

【实验方法】

1. 样品处理(干灰化法)

(1) 称取肉类匀浆样品 2.000 0～5.000 0 g，置于石英坩埚中。果蔬类应洗净后适当多取(15.000 0～20.000 0 g)。乳粉、粮食及制品类等含水量少的固体样品应先粉碎(取样量约 1.00～2.00 g)。

(2) 放入干燥箱中烘干后，在可调电炉上炭化，为防止试样溅出，开始时用小火加热，待大烟冒过后提高温度直至不冒烟。

(3) 炭化好的试样移入马弗炉中，500±20℃灰化 2 h。若灰分中有黑色炭粒，应取出坩埚，放冷至室温，加硝酸浸湿，小火蒸干。再移入马弗炉中灰化直至灰分变为白色或灰白色为止。

(4) 灰化完全后，以 1.25 ml 硝酸溶解，移入 25 ml 容量瓶中，用水冲洗坩埚多次，合并洗液，用水稀释至刻度，摇匀备用。

(5) 同时按同一方法做不加样品的空白试验。

2. 测定

(1) 吸取 0 ml、0.50 ml、1.00 ml、1.50 ml、2.0 ml、2.50 ml 铜标准使用液分别置于 25 ml 容量瓶中，加 1.25 ml 硝酸，用水稀释至刻度，混匀。容量瓶中铜浓度分别相当于 0 μg/ml、0.10 μg/ml、0.20 μg/ml、0.40 μg/ml、0.60 μg/ml、0.80 μg/ml、1.00 μg/ml。

(2) 将处理后的样液、试剂空白液和铜标准液分别导入调至最佳条件空气-乙炔火焰原子吸收分光光度计中进行测定。参考条件：灯电流 3～6 mA，波长 324.8 nm，光谱通带 0.5 min，空气流量 9 L/min，乙炔流量 2 L/min，灯头高度 6 mm，氘灯背景校正。

(3) 以标准工作液中铜的浓度为横坐标，吸光度为纵坐标，绘制标准曲线，并查出样品溶液的铜浓度。

(4) 按以上步骤，对同一样品进行平行实验。

**【实验结果计算】**

按下式计算样品中锌的含量：

$$X(\text{mg/kg}) = \frac{(c - c_0) \times V \times 1\,000}{m \times 1\,000}$$

式中，$X$——试样中铜的含量，mg/kg；

$c$——测定用试样中铜的含量，μg/ml；

$c_0$——试剂空白液中铜的含量，μg/ml；

$V$——试样处理定容体积，ml；

$m$——样品质量，g。

**【注意事项】**

本实验中用到的所有玻璃仪器均以硝酸溶液(1+9)浸泡 2 h 以上，用去离子水冲洗后晾干或烘干后方可使用。

**【思考题】**

简述原子吸收光谱分析法测定金属元素的原理。

## 实验三十　食品中钙的测定——EDTA 滴定法

**【实验目的】**

了解 EDTA 滴定法测定钙含量的原理及方法。

**【实验原理】**

钙离子与 EDTA 能定量地形成金属络合物，该络合物的稳定性较钙与钙化指示剂所形成的络合物强。在一定的 pH 范围内，以 EDTA 滴定，在达到化学计量点时，EDTA 就从指示剂络合物中夺取钙离子，使溶液呈现游离指示剂的颜色。由 EDTA 消耗量计算出钙的含量。

**【实验试剂】**

1. KOH 溶液(1.25 mol/L)
2. 氰化钠溶液(10 g/L)
3. 0.05 mol/L 柠檬酸钠溶液

4. 硝酸-高氯酸消化液：(1+4)

5. EDTA 溶液：准确称取 4.50 gEDTA(乙二胺四乙酸二钠)，用水稀释至 1 000 ml，储存于聚乙烯瓶中，4℃保存，使用时稀释 10 倍。

6. 钙标准溶液：精确称取 0.124 8 g 碳酸钙(纯度大于 99.99%，105～110℃烘干 2 h)，加 20 ml 去离子水及 3 ml0.5 mol/L 盐酸溶解，移入 500 ml 容量瓶中，加去离子水稀释至刻度，贮存于聚乙烯瓶中，4℃保存。此溶液每毫升相当于 100 μg 钙。

7. 1 g/L 钙红指示液

**【实验仪器】**

滴定装置、高型烧杯等

**【实验方法】**

1. 样品处理

(1) 精称均匀干试样 0.5～1.5 g(湿样 2.0～4.0 g，饮料等液体试样 5.0～10.0 g) 于 250 ml 高型烧杯。

(2) 加混合酸消化液 20～30 ml，上盖表面皿。置于电热板上加热消化。如未消化好而酸液过少时，再补加几毫升混合酸消化液，继续加热，直至无色透明为止。加少量水，加热除去多余的硝酸。待烧杯中液体接近 2～3 ml 时，取下冷却。

(3) 用 20 g/L 氧化镧溶液冲洗烧杯数次，合并洗液，并定容至刻度。

(4) 同时按同一方法做不加样品的空白实验。

2. 测定

(1) 吸取 0.5 ml 钙标准溶液，以 EDTA 滴定，标定其 EDTA 的浓度，根据滴定结果计算出每毫升 EDTA 相当于钙的毫克数，即滴定度(T)。

(2) 吸取 0.1～0.5 ml(根据钙的含量而定)试样消化液及空白于试管中，加 1 滴氰化钠溶液和 0.1 ml 柠檬酸钠溶液，用滴定管加 1.5 ml 1.25 mol/L 氢氧化钾溶液，加 3 滴钙红指示剂，立即以稀释 10 倍的 EDTA 溶液滴定，至指示剂由紫红色变蓝为止。

**【实验结果计算】**

按下式计算样品中钙的含量：

$$X(\text{mg}/100\ \text{g}) = \frac{(V - V_0) \times T \times D \times 100}{m}$$

式中，$X$——样品中钙元素的含量，mg/100 g；

$T$——EDTA 的滴定度，mg/ml；

$V$——滴定样品消化液时所用 EDTA 量，ml；

$V_0$——滴定空白消化溶液时所用 EDTA 量，ml；

$D$——样品稀释倍数；

$m$——样品质量，g。

**【注意事项】**

所用玻璃仪器需用硫酸-重铬酸钾洗液浸泡数小时，再用洗衣粉充分洗刷，而后用水反复冲洗，最后用去离子水冲洗、烘干。

**【思考题】**

用 EDTA 滴定法测钙含量的试验中，为什么要加入氰化钠溶液、柠檬酸钠溶液？

# 实验三十一　食品中钙的测定——原子吸收光谱法

**【实验目的】**

1. 掌握湿法消化法消化样品的方法；
2. 熟悉原子吸收光谱分析法。

**【实验原理】**

湿法消化后的样品测定液导入原子吸收分光光度计中，经火焰原子化后，吸收 422.7 nm 的共振线，根据吸光度与钙的含量成正比的关系，与标准系列比较定量分析。

**【实验试剂】**

1. $HNO_3$溶液(0.5 mol/L)
2. 硝酸＋高氯酸(3＋1)
3. 氧化镧溶液(20 g/L)：称取 23.45 g 氧化镧(纯度大于 99.99%)。用少量水润湿，加 75 ml 盐酸于1 000 ml 容量瓶中，加水稀释至刻度。
4. 钙标准储备液：准确称取 1.248 6 g 碳酸钙(纯度大于 99.99%)。加 50 ml 去离子水，加盐酸溶解，置于 1 000 ml 容量瓶中，加 20 g/L 氧化镧溶液稀释至刻度。贮存于聚乙烯瓶内，4℃保存。此溶液每毫升相当于 500 μg 钙。
5. 钙标准使用液：吸取 5.0 ml 钙标准溶液置于 100 ml 容量瓶中，以 20 g/L 氧化镧溶液稀释至刻度，此溶液每毫升相当于 25 μg 钙。

**【实验仪器】**

1. 原子吸收分光光度计
2. 消化装置

**【实验方法】**

1. 样品处理

同 EDTA 滴定法。

2. 测定

(1) 标准曲线制备：分别取钙标准使用液 0.0 ml、1.0 ml、2.0 ml、3.0 ml、4.0 ml、6.0 ml，用氧化镧定容至 50 ml，即相当于 0.0 μg/ml、0.5 μg/ml、1.0 μg/ml、1.5 μg/ml、2.0 μg/ml、3.0 μg/ml。

(2) 将处理后的样液、试剂空白液和各容量瓶中钙标准液分别导入火焰进行测定。

仪器参考条件的选择：波长：422.7 nm；火焰：空气-乙炔；其他如灯电流、狭缝、空气及乙炔流量、灯头高度均按仪器说明调至最佳状态。

**【实验结果计算】**

按下式计算样品中钙的含量：

$$X(\text{mg}/100\ \text{g}) = \frac{(c - c_0) \times V \times D \times 100}{m \times 1\,000}$$

式中，$X$——样品中钙元素的含量，mg/100 g；

$c$——测定用样品中钙元素的浓度，μg/ml；

$c_0$——空白溶液中钙元素的浓度，μg/ml；

$V$——样品消化液定容总体积，ml；

$D$——稀释倍数；

$m$——样品质量，g。

**【注意事项】**

样品消化时注意酸不要烧干，以免发生危险。

**【思考题】**

本实验中为什么用氧化镧溶液配制钙的标准液？

# 第五章　食品中有害元素的测定

## 实验三十二　食品中铅的测定——石墨炉原子吸收光谱法

### 【实验目的】

1. 学习石墨炉原子吸收光谱法测定铅含量的原理及方法；
2. 了解石墨炉原子化器工作原理和使用方法。

### 【实验原理】

样品经灰化或酸消解后，注入原子吸收分光光度计石墨炉中，原子化后吸收283.3 nm共振线，在一定浓度范围，其吸收值与铅含量成正比，与标准系列比较定量。

### 【实验试剂】

1. 硝酸：优级纯。
2. 过硫酸铵
3. 过氧化氢(30%)
4. 高氯酸：优级纯。
5. 硝酸(1+1)：取 50 ml 硝酸慢慢加入 50 ml 水中。
6. 硝酸(0.5 mol/L)：取 3.2 ml 硝酸加入 50 ml 水中，稀释至 100 ml。
7. 硝酸(1 mol/L)：取 6.4 ml 硝酸加入 50 ml 水中，稀释至 100 ml。
8. 混合酸：硝酸+高氯酸(4+1)。取 4 份硝酸与 1 份高氯酸混合。
9. 铅标准储备液：准确称取 1.000 g 金属铅(99.99%)，分次加少量硝酸(1+1)，加热溶解，总量不超过 37 ml，移入 1 000m L 容量瓶中，加水至刻度，混匀。此溶液每毫升含 1.0 mg 铅。
10. 铅标准使用液：每次吸取铅标准储备液 1.0 ml 于 100 ml 容量瓶中，加硝酸(0.5 mol/L)至刻度。如此经多次稀释成每毫升含 10.0 ng、20.0 ng、40.0 ng、60.0 ng、80.0 ng 铅的标准使用液。

### 【实验仪器】

1. 原子吸收分光光度计：附石墨炉及铅空心阴极灯。
2. 马弗炉
3. 干燥恒温箱
4. 瓷坩埚

5. 压力消解器、压力消解罐或压力溶弹

6. 可调式电热板、可调式电炉

## 【实验方法】

1. 样品预处理

采样和制备过程中，应注意不使样品污染。粮食、豆类去壳去杂物后，磨碎过20目筛，储于塑料瓶中，保存备用。蔬菜、水果、鱼类、肉类及蛋类等水分含量高的鲜样，取可食部分用匀浆机打成匀浆，储于塑料瓶中，保存备用。

2. 试样消解(可根据实验室条件选用以下任何一种方法消解)

(1) 干法灰化

称取1.00～5.00 g(根据铅含量而定)试样于瓷坩埚中，先小火在可调式电热板上炭化至无烟，再移入马弗炉500℃灰化6～8 h时，冷却。若个别样品灰化不彻底，则加1 ml混合酸在可调式电炉上小火加热，反复多次直到消化完全，放冷；用硝酸(0.5 mol/L)将灰分溶解，用滴管将样品消化液洗入或过滤于10 ml(或25 ml)容量瓶中，用水少量多次洗涤瓷坩埚，将洗液合并于容量瓶中并定容至刻度，混匀备用。同时做试剂空白。

(2) 压力消解罐消解法

称取0.20～2.00 g样品(干样、含脂肪高的试样<1.00 g，鲜样<2.00 g，或按压力消解罐使用说明书称取试样，水分大的样品称样后先蒸水分至近干)于聚四氟乙烯罐内，加硝酸2～4 ml浸泡过夜。再加过氧化氢(30%)2～3 ml(总量不能超过罐容积的三分之一)。盖好内盖，旋紧不锈钢外套，放入恒温干燥箱，120～140℃保持3～4 h，在箱内自然冷却至室温。用滴管将消化液洗入或过滤入(视消化后试样的盐分而定)10 ml(或25 ml)容量瓶中，用水少量多次洗涤内罐，洗液合并于容量瓶中并定容至刻度，混匀备用。同时做试剂空白。

(3) 过硫酸铵灰化法

称取1.00～5.00 g样品于瓷坩埚中，加2～4 ml硝酸浸泡1 h以上，先小火炭化；冷却后加2.0～3.0 g过硫酸铵盖于上面，继续炭化至不冒烟。转入马弗炉，500℃恒温2 h，再升至800℃，保持20 min，冷却，加2～3 ml硝酸(1.0 mol/L)，用滴管将样品消化液洗入或过滤入(视消化后试样的盐分而定)10 ml(或25 ml)容量瓶中，用水少量多次洗涤瓷坩埚，洗液合并于容量瓶中并定容至刻度，混匀备用。同时做试剂空白。

(4) 湿式消解法

称取试样1.00～5.00 g于锥形瓶中，放数粒玻璃珠加10 ml混合酸，加盖浸泡过夜，加一小漏斗在电炉上消解，若变棕黑色，再加混合酸，直至冒白烟，消化液呈无色透明或略带黄色；放冷，用滴管将消化液洗入或过滤入(视消化后试样的盐分而定)10 ml(或25 ml)容量瓶中，用水少量多次洗涤锥形瓶，洗液合并于容量瓶中并定容至刻度，混匀备用。同时做试剂空白。

3. 测定

(1) 仪器条件

根据各自仪器性能调至最佳状态。参考条件为波长 283.3 nm，狭缝 0.2～1.0 nm，灯电流 5～7 mA，干燥温度 120℃，20 s；灰化温度 450℃，持续 15～20 s，原子化温度 1 700～2 300℃，持续 4～5 s，背景校正为氘灯或塞曼效应。

(2) 标准曲线绘制

吸取上面配制的铅标准使用液 10.0 ng/ml(或 μg/L)，20.0 ng/ml(或 μg/L)，40.0 ng/ml(或 μg/L)，60.0 ng/ml(或 μg/L)，80.0 ng/ml(或 μg/L)各 10 μl，分别注入石墨炉，测得其吸光度并求得吸光度与浓度关系的一元线性回归方程。

(3) 样品测定

分别吸取样液和试剂空白液各 10 μl，注入石墨炉，测得其吸光度，代入标准系列的一元线性回归方程中求得样液中铅含量。

## 【实验结果计算】

按下式计算样品中铅的含量：

$$X(\mathrm{mg/kg}) = \frac{(c - c_0) \times V}{m \times 1\,000 \times 1\,000} \times 1\,000$$

式中，$X$——样品中铅的含量，mg/kg 或 mg/L；

$c$——测定样液中铅含量，ng/ml；

$c_0$——空白液中铅含量，ng/ml；

$V$——样品消化液定量总体积，ml；

$m$——样品质量或体积，g 或 ml。

以重复性条件下获得的两次独立测定结果的算术平均值表示，结果保留两位有效数字。

## 【注意事项】

1. 实验所用玻璃仪器均需以硝酸(1+5)浸泡过夜，用水反复冲洗，最后用去离子水冲洗干净。玻璃仪器如急用，可用 10%～20%硝酸煮沸 1 h，然后用自来水冲净，再用去离子水冲净。这里需要注意的是，浸泡器材的硝酸溶液不能长期反复使用，因长期使用使溶液中铅等杂质增多，反而造成污染。

2. 湿消解法消解样品时，要注意以下几点：

(1) 使用的试剂如硝酸、高氯酸都具有腐蚀性，比较危险，且在实验过程中会产生大量酸雾和烟。因此，消解要在通风橱内进行。

(2) 消解过程中，应低温缓慢加热，以防温度过高，瞬间产生大量泡沫导致样液溢出，影响结果的准确性；一旦消解液变棕黑色，应冷却后加入硝酸继续消解，直至消化液澄清透明或略带黄色为止。

(3) 用高氯酸消解样品时，应严格遵守操作规程，并且要保证温度达到200℃时只有少量的有机成分存在。否则，易导致剧烈的爆炸。因此，建议消解前加入硝酸与高氯酸的混合液浸泡一夜，使样品中有机成分先氧化部分，或者是先加入硝酸，破坏容易氧化的物质，之后再加入硝酸或高氯酸。

(4) 消解液不能蒸干，以防测定元素的损失。

3. 以重复性条件下获得的两次独立测定结果的算术平均值表示，结果保留两位有效数字。

4. 精密度：在重复性条件下获得的两次独立测定结果的绝对差值不得超过算术平均值的20%。

**【思考题】**

1. 简述石墨炉原子吸收光谱分析法测定铅含量的原理。
2. 石墨炉原子化法最适条件的选择包括哪些？
3. 石墨炉原子吸收光谱分析法进样时需要注意哪些问题？
4. 石墨炉原子化法的优缺点是什么？

# 实验三十三　食品中铅的测定——双硫腙比色法

**【实验目的】**

学习双硫腙比色法测定铅含量的原理及方法。

**【实验原理】**

样品经消化后，在碱性溶液中(pH 8～9)，铅离子与双硫腙生成红色络合物，用氯仿等有机溶剂萃取，有机溶剂中所呈现出红颜色的深浅与铅离子浓度与正比。与标准系列比较定量。加入盐酸羟胺、氰化钾、柠檬酸铵等可除去溶液中铁、铜、锌等离子的干扰。

**【实验试剂】**

1. 氨水(1+1)
2. 盐酸(1+1)：量取100 ml盐酸，加入100 ml水中。
3. 酚红指示液(1 g/L)：称取0.10 g酚红，用少量多次乙醇溶解后移入100 ml容量瓶中并定容。
4. 盐酸羟胺溶液(200 g/L)：称取20.0 g盐酸羟胺，加水溶解至50 ml，加2滴酚红指示液，用氨水(1+1)调pH至8.5～9.0(由黄变红，再多加2滴)；用双硫腙-

三氯甲烷溶液提取至三氯甲烷层绿色不变为止，再用三氯甲烷洗两次，弃去三氯甲烷层，水层加盐酸(1+1)呈酸性，再加水稀释至 100 ml。

5. 柠檬酸铵溶液(200 g/L)：称取 50 g 柠檬酸铵，溶于 100 ml 水中，加 2 滴酚红指示液，用氨水(1+1)调 pH 至 8.5～9.0；用双硫腙-三氯甲烷溶液提取数次，每次 10～20 ml，至三氯甲烷层绿色不变为止，弃去三氯甲烷层，再用三氯甲烷洗两次，每次 5 ml，弃去三氯甲烷层，加水稀释至 250 ml。

6. 氰化钾溶液(100 g/L)：称取 10.0 g 氰化钾，用水溶解后稀释至 100 ml。

7. 三氯甲烷：不应含氧化物。

(1) 检查方法

量取 10 ml 三氯甲烷，加 25 ml 新煮沸过的水，振摇 3 min，静置分层后，取 10 ml 水液，加数滴碘化钾溶液(150 g/L)及淀粉指示液，振摇后应不显蓝色。

(2) 处理方法

于三氯甲烷中加入十分之一至二十分之一体积的硫代硫酸钠溶液(200 g/L)洗涤，再用水洗后加入少量无水氯化钙脱水；之后进行蒸馏，弃去最初及最后的十分之一馏出液，收集中间馏出液备用。

8. 淀粉指示液：称取 0.5 g 可溶性淀粉，加 5 ml 水搅匀后，慢慢倒入 100 ml 沸水中，边倒边搅拌，煮沸，放冷备用，临用时配制。

9. 硝酸(1+99)：量取 1 ml 硝酸，加到 99 ml 水中混匀。

10. 双硫腙三氯甲烷溶液(0.5 g/L)：保存冰箱中，必要时用下述方法纯化。

称取 0.5 g 研细的双硫腙，溶于 50 ml 三氯甲烷中，如不全溶，可用滤纸过滤于 250 ml 分液漏斗中，用氨水(1+99)提取三次，每次 100 ml；将提取液用棉花过滤至 500 ml 分液漏斗中，用盐酸(1+1)调至酸性，将沉淀出的双硫腙用三氯甲烷提取 2～3 次，每次 20 ml，合并三氯甲烷层；用等量水洗涤两次，弃去洗涤液，在 50℃水浴上蒸去三氯甲烷。精制的双硫腙置硫酸干燥器中，干燥备用。或将沉淀出的双硫腙用 200 ml、200 ml、100 ml 三氯甲烷提取三次，合并三氯甲烷层为双硫腙溶液。

11. 双硫腙使用液：吸取 1.0 ml 双硫腙溶液，加三氯甲烷至 10 ml 混匀。用 1 cm 比色杯，以三氯甲烷调节零点，于波长 510 nm 处测吸光度($A$)，用下式算出配制 100 ml 双硫腙使用液(70%透光率)所需双硫腙溶液的 ml 数($V$)。

$$V=\frac{10\times(2-\lg 70)}{A}\times\frac{1.55}{A}$$

12. 硝酸-硫酸混合液(4+1)

13. 铅标准贮备液：准确称取 0.159 8 g 硝酸铅，加 10 ml 硝酸(1+99)，全部溶解后，移入 100 ml 容量瓶中，加水稀释至刻度。此溶液每毫升相当于 1.0 mg 铅。

14. 铅标准使用液：吸取 1.0 ml 铅标准贮备液，置于 100 ml 容量瓶中，加水稀释至刻度。此溶液每毫升相当于 10.0 μg 铅。

## 【实验仪器】

分光光度计

## 【实验方法】

1. 样品预处理

采样和制备过程中，应注意不使样品污染。粮食、豆类去壳去杂物后，磨碎过 20 目筛，储于塑料瓶中，保存备用。蔬菜、水果、鱼类、肉类及蛋类等水分含量高的鲜样，取可食部分用匀浆机打成匀浆，储于塑料瓶中，保存备用。

2. 样品消化

(1) *硝酸-硫酸法*

① 粮食、粉丝、粉条、豆干制品、糕点、茶叶等及其他含水分少的固体食品：称取粉碎样品 5.0 g 或 10.0 g，置于 500 ml 凯氏瓶中，先加少许水使湿润，加数粒玻璃珠，加 10～15 ml 硝酸，放置片刻；小火缓缓加热，待作用缓和，放冷。沿瓶壁加入5 ml 或 10 ml 硫酸，再加热，至瓶中液体开始变成棕色时，不断沿瓶壁滴加硝酸至有机质分解完全。加大火力，至产生白烟，待瓶口白烟冒净后，瓶内液体再产生白烟为消化完全，该溶液应澄明无色或微带黄色，放冷（在操作过程中应注意防止爆沸或爆炸）。加20 ml 水煮沸，除去残余的硝酸至产生白烟为止，如此处理两次，放冷。将冷后的溶液移入 50 ml 或 100 ml 容量瓶中，用水洗涤凯氏瓶，洗液并入容量瓶中，放冷，加水至刻度，混匀定容后的溶液每 10 ml 相当于 1 g 试样，相当加入硫酸量 1 ml。

取与消化试样相同量的硝酸和硫酸，按同一方法做试剂空白试验。

② 蔬菜、水果：称取 25.0 g 或 50.0 g 洗净打成匀浆的样品，置于 500 ml 凯氏定氮瓶中，加数粒玻璃珠，加 10～15 ml 硝酸。以下步骤同①，但定容后的溶液每 10 ml 相当于 5 g 试样，相当于加入硫酸 1 ml。

③ 酱、酱油、醋、冷饮、豆腐、腐乳、酱腌菜等：称取 10.0 g 或 20.0 g 样品（或吸取 10.0 ml 或 20.0 ml 液体试样），置于 500 ml 凯氏瓶中，加数粒玻璃珠，加5～15 ml 硝酸。以下步骤同①，但定容后的溶液每 10 ml 相当于 2 g（或 2 ml）试样。

④ 含酒精性饮料或含二氧化碳饮料：吸取 10.0 ml 或 20.0 ml 样品，置于 500 ml凯氏瓶中，加数粒玻璃珠，先用小火加热除去乙醇或二氧化碳，再加5～10 ml 硝酸，混匀后，以下步骤同①，但定容后的溶液每 10 ml 相当于 2 ml 试样，相当于加入硫酸 1 ml。

⑤ 含糖量高的食品：称取 5.0 g 或 10.0 g 样品，置于 500 ml 凯氏瓶中，先加少许水使湿润，加数粒玻璃珠，加 5～10 ml 硝酸，摇匀。缓缓加入 5 ml 或10 ml 硫酸，待作用缓和停止起泡沫后，先用小火缓缓加热（糖分易炭化），不断沿瓶壁补加

硝酸，待泡沫全部消失后，再加大火力，至有机质分解完全，发生白烟，溶液应澄明无色或微带黄色，放冷。以下步骤同①。

⑥ 水产品：取可食部分样品捣成匀浆，称取 5.0 g 或 10.0 g（海产藻类、贝类可适当减少取样量），置于 500 ml 凯氏瓶中，加数粒玻璃珠，加 5～10 ml 硝酸，摇匀。以下步骤同①。

（2）灰化法

① 粮食及其他含水分少的食品：称取 5.0 g 样品，置于石英或瓷坩埚中，加热至炭化，然后移入马弗炉中，500℃灰化 3 h，放冷；取出坩埚，加硝酸（1+1），润湿灰分，用小火蒸干，在 500℃烧 1 h，放冷。取出坩埚，加 1 ml 硝酸（1+1），加热，使灰分溶解，移入 50 ml 容量瓶中，用水洗涤坩埚，洗液并入容量瓶中，加水至刻度，混匀备用。

② 含水分多的食品或液体试样：称取 5.0 g 或吸取 5.0 ml 样品，置于蒸发皿中，先在水浴上蒸干，以下步骤同①。

3. 测定

（1）绘制标准曲线

吸取 0 ml、0.1 ml、0.2 ml、0.3 ml、0.4 ml、0.5 ml 铅标准使用液（相当 0 μg、1.0 μg、2.0 μg、3.0 μg、4.0 μg、5.0 μg 铅），分别置于 125 ml 分液漏斗中，各加硝酸（1+99）至 20 ml。再各加 2.0 ml 柠檬酸铵溶液（200 g/L）、1.0 ml 盐酸羟胺溶液（200 g/L）和 2 滴酚红指示液，用氨水（1+1）调至红色后，各加 2.0 ml 氰化钾溶液（100 g/L），混匀，再加 5.0 ml 双硫腙使用液，剧烈振摇 1 min，静置分层后，将三氯甲烷层经脱脂棉滤入 1 cm 比色杯中。

以三氯甲烷调节零点，于波长 510 nm 处测吸光度，各点减去零管吸收值后，绘制标准曲线或计算一元回归方程。

（2）样品的测定

吸取 10.0 ml 消化后的样品定容溶液和等量的试剂空白液，分别置于 125 ml 分液漏斗中，各加水至 20 ml。分别加 2.0 ml 柠檬酸铵溶液（200 g/L）、1.0 ml 盐酸羟胺溶液（200 g/L）和 2 滴酚红指示液，用氨水（1+1）调至红色后，各加 2.0 ml 氰化钾溶液（100 g/L），混匀。各加 5.0 ml 双硫腙使用液，剧烈振摇 1 min，静置分层后，将三氯甲烷层经脱脂棉滤入 1 cm 比色杯中。

以三氯甲烷调节零点，于波长 510 nm 处测吸光度，各点减去零管吸收值后，试样与标准曲线比较。

**【实验结果计算】**

样品中铅的含量按下式进行计算：

$$X(\text{mg/kg}) = \frac{(c - c_0) \times V \times 1\,000}{m \times V_1 \times 1\,000}$$

式中，$X$——样品中铅的含量，mg/kg；

$c$——测定用试样液中铅的质量，μg；

$c_0$——试剂空白液中铅的质量，μg；

$V_1$——测定用试样处理液的体积，ml；

$V$——试样处理液的总体积，ml；

$m$——样品质量或体积；g 或 ml。

**【注意事项】**

1. 测定时所用玻璃仪器均用硝酸（10%～20%）浸泡 24 h 以上，用自来水反复冲洗，最后用去离子水冲洗干净。

2. 氰化物有剧毒！

**【思考题】**

1. 简述双硫腙比色法测定铅含量的原理。

2. 本实验中加入盐酸羟胺、氰化钾、柠檬酸铵各起什么作用？

# 实验三十四　食品中汞的测定——原子荧光光谱法

**【实验目的】**

学习原子荧光光谱分析法测定总汞的原理及方法。

**【实验原理】**

样品经酸加热消解后，在酸性介质中，样品中汞被硼氢化钾（$KBH_4$）或硼氢化钠（$NaBH_4$）还原成原子态汞，由载气（氩气）带入原子化器中，在特制汞空心阴极灯照射下，基态汞原子被激发至高能态，在去活化回到基态时，发射出特征波长的荧光，其荧光强度与汞含量成正比，与标准系列比较定量。

**【实验试剂】**

1. 硝酸（优级纯）

2. 30%过氧化氢

3. 硫酸（优级纯）

4. 硫酸＋硝酸＋水（1＋1＋8）：量取 10 ml 硝酸和 10 ml 硫酸，缓缓倒入 80 ml 水中，冷却后小心混匀。

5. 硝酸溶液（1＋9）：量取 50 ml 硝酸，缓缓倒入 450 ml 水中，混匀。

6. 氢氧化钾溶液（5 g/L）：称取 5.0 g 氢氧化钾，溶于水中，稀释至 1 000 ml，混匀。

7. 硼氢化钾溶液(5 g/L)：称取 5.0 g 硼氢化钾，溶于 5.0 g/L 的氢氧化钾溶液中，并稀释至 1 000 ml，混匀，现用现配。

8. 汞标准储备溶液：准确称取 0.135 4 g 干燥过的二氯化汞，加硫酸＋硝酸＋水混合酸(1＋1＋8)溶解后移入 100 ml 容量瓶中，并稀释至刻度，混匀，此溶液每毫升相当于 1 mg 汞。

9. 汞标准使用溶液：用移液管吸取汞标准储备液(1 mg/ml)1 ml 于 100 ml 容量瓶中，用硝酸溶液(1＋9)稀释至刻度，混匀，此溶液浓度为 10 μg/ml。再分别吸取 10 μg/ml 汞标准溶液 1 ml 和 5 ml 于两个 100 ml 容量瓶中，用硝酸溶液(1＋9)稀释至刻度，混匀，溶液浓度分别为 100 ng/ml 和 500 ng/ml，分别用于测定低浓度试样和高浓度试样，制作标准曲线。

**【实验仪器】**

1. 双道原子荧光光度计
2. 高压消解罐(100 ml 容量)
3. 微波消解炉

**【实验方法】**

1. 样品消解

(1) 高压消解法

本方法适用于粮食、豆类、蔬菜、水果、瘦肉类、鱼类、蛋类及乳与乳制品类食品中总汞的测定。

① 粮食及豆类等干样：称取经粉碎混匀过 40 目筛的干样 0.20～1.00 g，置于聚四氟乙烯塑料内罐中，加 5 ml 硝酸，混匀后放置过夜，再加 7 ml 过氧化氢，盖上内盖放入不锈钢外套中，旋紧密封。然后将消解器放入烘箱中加热，升温至 120℃后保持恒温 2～3 h，待消解完全，自然冷至室温。将消解液用硝酸溶液(1＋9)定量转移并定容至 25 ml，摇匀。同时做试剂空白试验。待测。

② 蔬菜、瘦肉、鱼类及蛋类水分含量高的鲜样：用捣碎机打成匀浆，称取匀浆 1.00～5.00 g，置于聚四氟乙烯塑料内罐中，加盖留缝放于 65℃鼓风干燥烘箱或一般烘箱中烘至近干，取出，以下按①操作。

(2) 微波消解法

称取 0.10～0.50 g 样品于消解罐中，加入 1～5 ml 硝酸、1～2 ml 过氧化氢，盖好安全阀后，将消解罐放入微波炉消解系统中，至消解完全，冷却后用硝酸溶液(1＋9) 定量转移并定容至 25 ml(低含量试样可定容至 10 ml)，混匀待测。

2. 标准系列配制

(1) 低浓度标准系列

分别吸取 100 ng/ml 汞标准使用液 0.25 ml、0.50 ml、1.00 ml、2.00 ml、

2.50 ml于25 ml容量瓶中，用硝酸溶液(1+9)稀释至刻度，混匀。各溶液相当于汞浓度1.00 ng/ml、2.00 ng/ml、4.00 ng/ml、8.00 ng/ml、10.00 ng/ml。此标准系列适用于一般试样测定。

(2) 高浓度标准系列

分别吸取500 ng/ml汞标准使用液0.25 ml、0.50 ml、1.00 ml、1.50 ml、2.00 ml于25 ml容量瓶中，用硝酸溶液(1+9)稀释至刻度，混匀。各溶液相当于汞浓度5.00 ng/ml、10.00 ng/ml、20.00 ng/ml、30.00 ng/ml、40.00 ng/ml。此标准系列适用于鱼及含汞量偏高的试样测定。

3. 测定

(1) 仪器参考条件

光电倍增管负高压为240 V；汞空心阴极灯电流为30 mA；原子化器：温度为300℃，高度为8.0 mm；氢气流速：载气500 ml/min，屏蔽气1 000 ml/min；测量方式为标准曲线法；读数方式是峰面积，读数延迟时间为1.0 s，读数时间为10.0 s；硼氢化钾溶液加液时间为8.0 s，标液或样液加液体积为2 ml。

(2) 测定方法

根据情况任选以下一种方法。

① 浓度测定方式测量：设定好仪器最佳条件，逐步将炉温升至所需温度后，稳定10～20 min后开始测量。连续用硝酸溶液(1+9)进样，待读数稳定之后，转入标准系列测量，绘制标准曲线。转入试样测量，先用硝酸溶液(1+9)进样，使读数基本回零，再分别测定试样空白和试样消化液，每测不同的试样前都应清洗进样器。

② 仪器自动计算结果方式测量：设定好仪器最佳条件，在试样参数画面输入以下参数——样品质量(g或ml)、稀释体积(ml)，并选择结果的浓度单位，逐步将炉温升至所需温度，稳定后测量。连续用硝酸溶液(1+9)进样，待读数稳定之后，转入标准系列测量，绘制标准曲线。在转入试样测定之前，再进入空白值测量状态，用试样空白消化液进样，让仪器取其均值作为扣底的空白值。随后即可依法测定试样。测定完毕后，选择“打印报告”，即可将测定结果自动打印。

## 【实验结果计算】

试样中汞的含量按下式进行计算：

$$X(\text{mg/kg})=\frac{(c-c_0)\times V}{m\times 1\,000\times 1\,000}\times 1\,000$$

式中，$X$——样品中汞的含量，mg/kg；

$c$——样品消化液中汞的含量，ng/ml；

$c_0$——试剂空白液中汞的含量，ng/ml；

$V$——测定用样品消化液的总体积，ml；

$m$——样品质量，g。

**【注意事项】**

微波消解样品具有用酸量少、防污染及损失的优点。操作时应按规定使用，注意样品取样量不可超过规定，严格控制加热温度。

**【思考题】**

简述原子荧光光谱分析法测定总汞的原理。

## 实验三十五　水产品中甲基汞的测定——气相色谱法

**【实验目的】**

学习气相色谱法测定甲基汞的原理及方法。

**【实验原理】**

试样中的甲基汞，用氯化钠研磨后加入含有 $Cu^{2+}$ 的盐酸(1+11)（$Cu^{2+}$ 与组织中结合的 $CH_3Hg$ 交换），完全萃取后，经离心或过滤，将上清液调试至一定的酸度，用巯基棉吸附，再用盐酸(1+5)洗脱，最后以苯萃取甲基汞，用带电子捕获鉴定器的气相色谱仪分析。

**【实验试剂】**

1. 氯化钠
2. 苯：色谱上无杂峰，否则应重蒸馏纯化。
3. 无水硫酸钠：用苯提取，浓缩液在色谱上无杂峰。
4. 盐酸(1+5)：取优级纯盐酸，加等体积水，恒沸蒸馏，蒸出盐酸为(1+1)，稀释配制。
5. 氯化铜溶液(42.5 g/L)。
6. 氢氧化钠溶液(40 g/L)：称取 40 g 氢氧化钠加水稀释至 1 000 ml。
7. 盐酸(1+11)：取 83.3 ml 盐酸(优级纯)加水稀释至 1 000 ml。
8. 淋洗液(pH3.0～3.5)：用盐酸(1+11)调节水的 pH 为 3.0～3.5。
9. 巯基棉：在 250 ml 具塞锥形瓶中依次加入 35 ml 乙酸酐、16 ml 冰醋酸、50 ml 硫代乙醇酸、0.15 ml 硫酸及 5 ml 水，混匀；冷却后，加入 14 g 脱脂棉，不断翻压，使棉花完全浸透，将塞盖好，置于恒温培养箱中，在(37±0.5)℃保温 4 天(注意切勿超过 40℃)。取出后用水洗至近中性，除去水分后平铺于瓷盘中，再在(37±

0.5)℃恒温箱中烘干，成品放入棕色瓶中，放置冰箱保存备用(使用前，应先测定巯基棉对甲基汞的吸附效率为95%以上方可使用)。

10. 甲基汞标准储备液：准确称取0.125 2 g氯化甲基汞，用苯溶解于100 ml容量瓶中，加苯稀释至刻度。此溶液每毫升相当于1.0 mg甲基汞。放置冰箱保存。

11. 甲基汞标准使用液：吸取1.0 ml甲基汞标准储备液，置于100 ml容量瓶中，用苯稀释至刻度。此溶液每毫升相当于10 μg甲基汞。取此溶液1.0 ml，置于100 ml容量瓶中，用盐酸(1+5)稀释至刻度，此溶液每毫升相当于0.10 μg甲基汞，临用时新配。

12. 甲基橙指示液(1 g/L)。

**【实验仪器】**

1. 气相色谱仪：附$^{63}$Ni电子捕获鉴定器或氚源电子捕获检定器。

2. 酸度计

3. 离心机：带50～80 ml离心管。

4. 巯基棉管：用内径6 mm、长度20 cm，一端拉细(内径2 mm)的玻璃滴管内装0.1～0.15 g巯基棉，均匀填塞，临用现装。

5. 玻璃仪器：均用硝酸(1+20)浸泡一昼夜，用水冲洗干净。

**【实验方法】**

1. 气相色谱参考条件

(1) $^{63}$Ni电子捕获鉴定器：柱温185℃，鉴定器温度为260℃，汽化室温度215℃。

(2) 氚源电子捕获鉴定器：柱温185℃，鉴定器温度为190℃，汽化室温度185℃。

(3) 载气：高纯氮，流量为60 ml/min(选择仪器的最佳条件)。

(4) 色谱柱：内径3 mm，长1.5 m的玻璃柱，内装涂有质量分数为7%的丁二酸乙二醇聚酯(PEGS)或涂质量分数为1.5%的OV－17和1.95%QF－1或质量分数为5%的丁二乙酸二乙二醇酯(DEGS)固定液的60～80目Chromosorb WAW DMCS。

2. 测定

(1) 称取1.00～2.00 g去皮去刺绞碎混匀的鱼肉(或称取5 g虾仁，研碎)，加入等量氯化钠，在乳钵中研成糊状。加入0.5 ml氯化铜溶液(42.5 g/L)，轻轻研匀，用30 ml盐酸(1+11)分次完全转入100 ml带塞锥形瓶中，剧烈振摇5 min，放置30 min(也可用振荡器振摇30 min)。将样液全部转入50 ml离心管中，用5 ml盐酸(1+11)淋洗锥形瓶，洗液与样液合并，离心10 min(转速为2 000 r/min)；将上清液全部转入100 ml分液漏斗中，于残渣中再加10 ml盐酸(1+11)，用玻璃棒搅拌均匀后再离心，合并两份离心溶液。

（2）加入与盐酸（1＋11）等量的氢氧化钠溶液（40 g/L）中和，加 1～2 滴甲基橙指示剂，再调至溶液变黄色，然后滴加盐酸（1＋11）至溶液从黄色变为橙色，此溶液的 pH 在 3.0～3.5 范围内（可用 pH 计校正）。

（3）将塞有巯基棉的玻璃滴管接在分液漏斗下面，控制流速约为 4～5 ml/min，然后用 pH3.0～3.5 的淋洗液冲洗漏斗和玻璃管；取下玻璃管，用玻璃棒压紧巯基棉，用洗耳球将水尽量吹尽。然后加入 1 ml 盐酸（1＋5）分别洗脱一次，用洗耳球将洗脱液吹尽，收集于 10 ml 具塞比色管中。

（4）另取两支 10 ml 具塞比色管，各加入 2.0 ml 甲基汞标准使用液（0.10 μg/ml）。

（5）向含有试样及甲基汞标准使用液的具塞比色管中各加入 1.0 ml 苯，提取振摇 2 min，分层后吸出苯液，加少量无水硫酸钠，摇匀，静置，吸取一定量进行气相色谱测定。

**【实验结果计算】**

记录峰高，与标准峰高比较定量。试样中甲基汞的含量按下式进行计算：

$$X(\text{mg/kg}) = \frac{m_1 \times h_2 \times V_1 \times 1\,000}{m_2 \times h_2 \times V_2 \times 1\,000}$$

式中，$X$——样品中汞的含量，mg/kg；

$m_1$——甲基汞标准量，μg；

$h_1$——试样峰高，mm；

$V_1$——试样苯萃取溶剂的总体积，μl；

$V_2$——测定用试样的体积，μl；

$h_2$——甲基汞标准峰高，mm；

$m_2$——样品质量，g。

**【注意事项】**

所有试剂用苯萃取，萃取液不应在气相色谱上出现甲基汞的峰。

**【思考题】**

简述气相色谱法测定甲基汞的原理。

## 实验三十六　食品中砷的测定——氢化物原子荧光光谱法

**【实验目的】**

学习氢化物原子荧光光谱法测定总砷的原理及方法。

**【实验原理】**

食品试样经湿消解或干灰化后，加入硫脲使五价砷还原为三价砷，再加入硼氢化钠或硼氢化钾使还原生成砷化氢，由氢气载入石英原子化器中分解为原子态砷，在特制砷空心阴极灯的发射光激发下产生原子荧光，其荧光强度在固定条件下与被测液中的砷浓度成正比，与标准系列比较定量。

**【实验试剂】**

1. 氢氧化钠溶液(2 g/L)

2. 硼氢化钠($NaBH_4$)溶液(10 g /L)：称取硼氢化钠 10.0 g，溶于 2 g/L 氢氧化钠溶液 1 000 ml 中，混匀。此液于冰箱可保存 10 天，取出后应当日使用(也可称取 14 g 硼氢化钾代替 10 g 硼氢化钠)。

3. 硫脲溶液(50 g/L)

4. 硫酸溶液(1+9)：量取硫酸 100 ml，小心倒入水 900 ml 中，混匀。

5. 氢氧化钠溶液(100 g/L)(供配制砷标准溶液用，少量即够)。

6. 砷标准储备液：精确称取于 100℃干燥 2 h 以上的三氧化二砷 0.132 0 g，加 100 g/L 氢氧化钠 10 ml 溶解，用适量水转入 1 000 ml 容量瓶中，加(1+9)硫酸 25 ml，用水定容至刻度。此溶液含砷 0.1 mg/ml。

7. 砷使用标准液：吸取 1.00 ml 砷标准储备液于 100 ml 容量瓶中，用水稀释至刻度。此液应当日配制使用。此溶液含砷 1 μg/ml。

8. 湿消解试剂：硝酸、硫酸、高氯酸。

9. 干灰化试剂：六水硝酸镁(150 g/L)、氯化镁、盐酸(1+1)。

**【实验仪器】**

原子荧光光度计

**【实验方法】**

1. 样品消解

(1) 湿消解：称取 1.00～2.50 g 固体样品(液体样品称取 5～10 g 或 ml)，置入 50～100 ml 锥形瓶中，同时做两份试剂空白。加硝酸 20～40 ml、硫酸 1.25 ml，摇匀后放置过夜，再置于电热板上加热消解。若消解液处理至 10 ml 左右时仍有未分解物质或色泽变深，取下放冷，补加硝酸 5～10 ml，再消解至 10 ml 左右观察，如此反复两三次，注意避免炭化。如仍不能消解完全，则加入高氯酸 1～2 ml，继续加热至消解完全后，再持续蒸发至高氯酸的白烟散尽，硫酸的白烟开始冒出。冷却，加水 25 ml，再蒸发至冒硫酸白烟。冷却，用水将内容物转入 25 ml 容量瓶或比色管中，加入 50 g/L 硫脲 2.5 ml，补水至刻度并混匀，备测。

(2) 干灰化：一般应用于固体试样。称取 1.00～2.50 g 样品于 50～100 ml 坩埚中，同时做两份试剂空白。加 150 g/L 硝酸镁 10 ml 混匀，低热蒸干。将氧化镁 1 g 仔细覆盖在干渣上，于电炉上炭化至无黑烟，移入 550℃高温炉灰化 4 h。取出放冷，小心加入(1+1)盐酸 10 ml 以中和氧化镁并溶解灰分，转入 25 ml 容量瓶或比色管中，向容量瓶或比色管中加入 50 g /L 硫脲 2.5 ml，另用(1+9)硫酸分次涮洗坩埚后转出合并，稀释至刻度，混匀备测。

2. 标准系列制备

取 25 ml 容量瓶或比色管 6 支，依次准确加入 1 μg/ml 砷使用标准液 0.0 ml、0.05 ml、0.2 ml、0.5 ml、2.0 ml、5.0 ml（各相当于砷浓度 0 ng/ml、2.0 ng/ml、8.0 ng/ml、20.0 ng/ml、80.0 ng/ml、200.0 ng/ml），各加(1+9)硫酸 12.5 ml、50 g/L 硫脲 2.5 ml，补加水至刻度，混匀备测。

3. 测定

(1) 仪器参考条件：光电倍增管电压为 400 V；砷空心阴极灯电流为 35 mA；原子化器：温度 820～850℃，高度 7 mm；氢气流速：载气 600 ml/min；测量方式为荧光强度或浓度直读；读数方式为峰面积；读数延迟时间为 1 s，读数时间为 15 s；硼氢化钠溶液加入时间为 5 s；标液或样液加入体积为 2 ml。

(2) 浓度方式测量：如直接测荧光强度，则在开机并设定好仪器条件后，预热稳定约 20 min。按“B”键进入空白值测量状态，连续用标准系列的“0”管进样，待读数稳定后，按空档键记录下空白值(即让仪器自动扣底)即可开始测量。先依次测标准系列(可不再测“0”管)。标准系列测完后应仔细清洗进样器(或更换一支)，并再用“0”管测试使读数基本回零后，才能测试剂空白和试样，每测不同的试样前都应清洗进样器，记录(或打印)下测量数据。

(3) 仪器自动方式：利用仪器提供的软件功能可进行浓度直读测定，为此在开机、设定条件和预热后，还需输入必要的参数，即试样量(g 或 ml)、稀释体积(ml)、进样体积(ml)、结果的浓度单位、标准系列各点的重复测量次数、标准系列的点数(不计零点)及各点的浓度值。首先进入空白值测量状态，连续用标准系列的“0”管进样以获得稳定的空白值并执行自动扣底后，再依次测标准系列(此时“0”管需再测一次)。在测样液前，需再进入空白值测量状态，先用标准系列“0”管测试使读数复原并稳定后，再用两个试剂空白各进一次样，让仪器取其均值作为扣底的空白值，随后即可依次测试样。测定完毕后退回主菜单，选择“打印报告”即可将测定结果打出。

**【实验结果计算】**

如果采用荧光强度测量方式，则需先对标准系列的结果进行回归运算(由于测量时“0”管强制为 0，故零点值应该输入以占据一个点位)，然后根据回归方程求出试剂空白液和试样被测液的砷浓度，再按下式计算试样的砷含量：

$$X(\text{mg/kg}) = \frac{c - c_0}{m} \times \frac{25}{1\,000}$$

式中，$X$——试样中砷的含量，mg/kg；

$c$——试样被测液的浓度，ng/ml；

$c_0$——试剂空白液的浓度，ng/ml；

$m$——试样的质量，g。

**【注意事项】**

1. 硼氢化钠浓度对砷荧光强度影响较大，当浓度过大时，产生的大量氢气稀释了氢化物的浓度；当浓度过低时，还原能力弱，灵敏度低。

2. 盐酸酸度增大，荧光强度增大，盐酸在2%～10%范围内荧光强度基本稳定。

**【思考题】**

1. 简述氢化物原子荧光光谱法测定总砷的原理。

2. 氢化物原子荧光光谱法测定砷的最适条件的选择包括哪些？

# 实验三十七　食品中砷的测定——银盐法

**【实验目的】**

掌握银盐法测定砷的原理及方法。

**【实验原理】**

样品经消化后，五价砷被碘化钾、氯化亚锡还原成三价砷，三价砷与锌粒和酸产生的新生态氢生成砷化氢；通过乙酸铅溶液浸泡的棉花去除硫化氢的干扰，砷化氢与溶于三乙醇胺-氯仿的二乙氨基二硫代甲酸银(DDTC－Ag)作用，生成棕红色胶态银。在520 nm处比色，与标准系列比较定量。

$$H_3AsO_4 + 2KI + 2HCl = H_3AsO_3 + I_2 + 2KCl + H_2O$$

$$H_3AsO_4 + SnCl_2 + 2HCl = H_3AsO_3 + SnCl_4 + H_2O$$

$$H_3AsO_3 + 3Zn + 6HCl = AsH_3\uparrow + ZnCl_2 + 3H_2O$$

$$AsH_3 + 6Ag(DDTC) = 6Ag + 3HDDC + As(DDC)_3$$

生成的HDDTC可用碱性物质，如吡啶、马钱子碱或三乙醇胺(以$NR_3$代表)，使反应向右进行：

$$HDDTC + NR_3 = (NR_3H)(DDTC)$$

**【实验试剂】**

1. 硝酸

2. 硫酸

3. 盐酸

4. 氯仿

5. 无砷锌粒

6. 碘化钾溶液(150 g/L)

7. 酸性氯化亚锡溶液：称取 40 g 氯化亚锡($SnCl_2 \cdot 2H_2O$)，加盐酸溶解并稀释至 100 ml，加入数颗金属锡粒。

8. 乙酸铅溶液(100 g/L)

9. 乙酸铅棉花：用乙酸铅溶液(100 g/L)浸透脱脂棉后，压除多余溶液，并使疏松，在 100℃以下干燥后，储存于玻璃瓶中。

10. 二乙氨基二硫代甲酸银-三乙醇胺氯仿溶液：称取 0.25 g 二乙氨基二硫代甲酸银置于乳钵中，加少量三氯甲烷研磨，移入 100 ml 量筒中，加入 1.8 ml 三乙醇胺，再用三氯甲烷分次洗涤乳钵，洗液一并移入量筒中；再用三氯甲烷稀释至 100 ml，放置过夜。滤入棕色瓶中贮存。

11. 砷标准储备液：准确称取 0.132 0 g 在硫酸干燥器中干燥过的或在 100℃干燥 2 h 的三氧化二砷，加 5 ml 氢氧化钠溶液(200 g/L)，溶解后加 25 ml 硫酸(6+94)，移入 1 000 ml 容量瓶中，加新煮沸冷却的水稀释至刻度，储存于棕色玻塞瓶中。此溶液每毫升相当于 0.10 mg 砷。

12. 砷标准使用液：吸取 1.0 ml 砷标准储备液，置于 100 ml 容量瓶中，加 1 ml 硫酸(6+94)，加水稀释至刻度。此溶液每毫升相当于 1.0 μg 砷。

**【实验仪器】**

1. 分光光度计

2. 砷化氢的发生和吸收装置(图 5.1)

100～150 ml 锥形瓶、导气管、10 ml 刻度离心管(吸收管)。

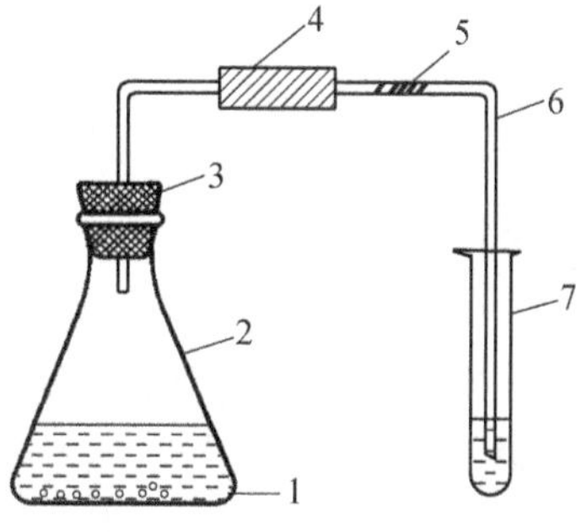


图 5.1　砷化氢的发生和吸收装置

1. 无砷锌粒；2. 100 毫升三角瓶；3. 橡皮塞；4. 橡皮管；5. 醋酸铅棉花；6. 玻璃弯管(直径 8 mm，出口径 1 mm)；7. 5 ml 试管(比色管)

**【实验方法】**

1. 样品处理

将样品(水果罐头)倒入高速组织捣碎机中捣碎，称 20.00 g 捣碎样品，转移到 500 ml 凯氏烧瓶中，加 10 ml 浓 $HNO_3$、10 ml 浓 $H_2SO_4$，置于电炉上逐渐加热升温，待内容物开始变棕色时立即加少量 $HNO_3$，直至溶液为透明淡黄色不再变棕色为止，继续加热数分钟至浓白烟逸出，冷却，加 20 ml 去离子水，继续加热数分钟至浓白烟逸出，冷移入 100 ml 容量瓶中，用去离子水稀释至刻度，摇匀，备用。同时做空白实验。

2. 标准曲线的绘制

准确吸取每毫升相当于 1 μg 砷的标准液 0.0 ml、2.0 ml、4.0 ml、6.0 ml、8.0 ml、10.0 ml，分别置于 6 只三角瓶中，依次加入 26 ml、24 ml、22 ml、20 ml、18 ml、16 ml 去离子水，在各三角瓶中，分别加入 4 ml 浓盐酸，3 ml 16.5%碘化钾，1 ml 40%的氯化亚锡溶液，摇匀，静置 15 min，加入无砷锌 5 g，立即加塞连接含醋酸铅棉花的玻璃弯管，并将出口尖端浸插在预先加有 4 ml 吸收液的比色管中，放置 20 min，取下吸收管，用氯仿补足各管吸收液体积至 4 ml。用分光光度计于 520 nm 波长测定吸光度。以吸光度为纵坐标，砷的含量为横坐标，绘制标准曲线。

3. 样品的测定

吸取样品消化液及空白各 5 ml，置 2 个三角瓶中，加去离子水 21 ml，其他同标准曲线，反应结束后测定吸光度。根据样品消化液及空白的吸光度，从标准曲线上查出其含量。

**【实验结果计算】**

试样中砷的含量按下式进行计算：

$$X(\text{mg/kg}) = \frac{(m_1 - m_2) \times 1\,000}{m \times \frac{V_1}{V_2} \times 1\,000}$$

式中，$X$——样品中砷的含量，mg/kg；

$m_1$——测定用试样消化液中砷的质量，μg；

$m_2$——试剂空白液中砷的质量，μg；

$m$——样品质量，g；

$V_1$——测定用试样消化液的体积，ml；

$V_2$——试样消化液的总体积，ml。

**【注意事项】**

1. 要防止砷化氢的发生和吸收装置漏气。在加锌粒时不要把锌粒粘在瓶口造成瓶塞塞不紧而发生漏气现象。同时，醋酸铅棉花也不能放的太多太紧而造成气体通气不畅，应先将醋酸铅棉花用镊子拉蓬松再少量加入导气管。

2. 锌粒的规格、大小也会影响测定结果。不同形状和规格的无砷锌粒，因其表面积不同，与酸反应的速度也不同，生成的氢气气体流速不同将直接影响吸收效率及测定结果。锌粒不宜太细，以免反应太激烈。

**【思考题】**

1. 有机物的破坏有哪些方法？

2. 简述银盐法测定总砷的原理。

# 实验三十八　食品中无机砷的测定——氢化物原子荧光光谱法

## 【实验目的】

熟悉氢化物原子荧光光谱法测定无机砷的原理及方法。

## 【实验原理】

食品中的砷可能以不同的化学形式存在，包括无机砷和有机砷。在 6 mol/L 盐酸水浴条件下，无机砷以氯化物形式被提取，实现无机砷和有机砷的分离。在 2 mol/L 盐酸条件下采用氢化物原子荧光光谱法测定总无机砷。

## 【实验试剂】

1. 盐酸溶液(1＋1)：量取 250 ml 盐酸，慢慢倒入 250 ml 水中，混匀。

2. 氢氧化钾溶液(2 g/L)：称取氢氧化钾 2 g 溶于水中，稀释至 1 000 ml。

3. 硼氢化钾溶液(7 g/L)：称取硼氢化钾 3.5 g 溶于 500 ml 2 g/L 氢氧化钾溶液中。

4. 碘化钾(100 g/L)-硫脲混合溶液(50 g/L)：称取碘化钾 10 g、硫脲 5 g 溶于水中，并稀释至 100 ml 混匀。

5. 三价砷($As^{3+}$)标准液：准确称取 0.132 0 g 三氧化二砷，加 1 ml 100 g /L 氢氧化钾和少量亚沸蒸馏水溶解，转入 100 ml 容量瓶中定容。此标准溶液含三价砷($As^{3+}$)1 mg/ml。使用时用水逐级稀释至标准使用液浓度为三价砷($As^{3+}$) 1 μg/ml。冰箱保存可使用 7 d。

## 【实验仪器】

1. 原子荧光光度计

2. 恒温水浴锅

## 【实验方法】

1. 样品处理

(1) 固体样品：称取经粉碎过 80 目筛的干样 2.50 g(称样量依据试样含量酌情增减)于 25 ml 具塞刻度试管中，加盐酸(1＋1)溶液 20 ml，混匀；或称取鲜样 5.00 g(试样应先打成匀浆)于 25 ml 具塞刻度试管中，加 5 ml 盐酸，并用盐酸(1＋1)溶液稀释至刻度，混匀。置于 60℃水浴锅 18 h，其间多次振摇，使样品充分浸提。取出冷却，脱脂棉过滤，取 4 ml 滤液于 10 ml 容量瓶中，加碘化钾-硫脲混合溶液 1 ml、正辛醇(消泡剂)8 滴，加水定容。放置 10 min 后测试样中无机砷。如浑浊，再次过滤后测定。同时做试剂空白试验。

(2) 液体试样：取 4 ml 于 10 ml 容量瓶中，加盐酸(1＋1)溶液 4 ml、碘化钾-硫脲混合溶液 1 ml、正辛醇 8 滴，定容混匀，测定试样中总无机砷。同时做试剂空白试验。

2. 仪器参考操作条件

光电倍增管(PMT)负高压：340 V；砷空心阴极灯电流：40 mA；原子化器高度：9 mm；载气流速：600 ml/min；读数延迟时间：2 s；读数时间：12 s；读数方式：峰面积；标液或试样加入体积：0.5 ml。

3. 标准系列

分别准确吸取 1 μg/ml 三价砷($As^{3+}$)标准使用液 0 ml、0.05 ml、0.1 ml、0.25 ml、0.5 ml、1.0 ml 于 10 ml 容量瓶中，分别加盐酸(1+1)溶液 4 ml、碘化钾-硫脲混合溶液1 ml、正辛醇 8 滴，定容[各相当于含三价砷($As^{3+}$)浓度 0 ng/ml、5.0 ng/ml、10.0 ng/ml、25.0 ng/ml、50.0 ng/ml、100.0 ng/ml]。

**【实验结果计算】**

试样中无机砷含量按下式进行计算：

$$X(\text{mg/kg}) = \frac{(c - c_0) \times F \times 1\,000}{m \times 1\,000 \times 1\,000}$$

式中，$X$——试样中无机砷含量，mg/kg；

$c$——试样被测液中无机砷的浓度，ng/ml；

$c_0$——试剂空白液的浓度，ng/ml；

$F$——固体试样 $F=10\text{ ml}\times 25\text{ ml}/4\text{ ml}$；液体试样 $F=10$ ml；

$m$——试样的质量，g。

**【注意事项】**

1. 玻璃仪器使用前经 15%硝酸浸泡 24 h。
2. 试样浸提冷却后，过滤前用盐酸(1+1)溶液定容至 25 ml。

**【思考题】**

1. 简述氢化物原子荧光光谱法测定无机砷的原理。
2. 简述无机砷、有机砷、总砷在食品中的存在状况及测定意义。

# 第六章　食品中农药残留物的检测

## 实验三十九　有机氯农药残留量的测定——气相色谱法

**【实验目的】**

1. 掌握气相色谱仪的工作原理和使用方法；
2. 学习食品中有机氯残留的气相色谱测定法。

**【实验原理】**

样品中有机氯和拟除虫菊酯农药用有机溶剂提取，经液液分配及层析净化除去干扰物质，用电子捕获检测器检测，根据色谱峰的保留时间定性，外标法定量。

**【实验试剂】**

1. 正己烷
2. 乙酸乙酯-环己烷(1+1)
3. 苯
4. 丙酮
5. 石油醚

沸程 30～60℃。

6. 无水硫酸钠
7. 聚苯乙烯凝胶
8. 农药标准品

α-六六六；六氯苯；β-六六六；γ-六六六；五氯硝基苯；δ-六六六；五氯苯胺；七氯；五氯苯基硫醚；艾氏剂；氧氯丹；环氧七氯；反氯丹；α-硫丹；顺氯丹；p,p′-滴滴伊；狄氏剂；异狄氏剂；β-硫丹；p,p′-滴滴滴；o,p′-滴滴涕；异狄氏剂醛；硫丹硫酸盐；p,p′-滴滴涕；异狄氏剂酮；灭蚁灵。纯度不低于 98%。

分别准确称量上述农药的标准品适量，用苯溶解，再用时用正己烷稀释配成单品种的标准使用液。

**【实验仪器】**

1. 气相色谱仪：附电子捕获检测器(ECD)。
2. 振荡器
3. 组织捣碎机

4. 旋转蒸发仪

5. 过滤器具：布氏漏斗(φ80 mm)，抽滤瓶(200 ml)。

6. 100 ml 具塞三角瓶

7. 凝胶净化柱：长 30 cm，内径 2.3～2.5 cm 具活塞玻璃层析柱，柱底垫少许玻璃棉。用洗脱剂乙酸乙酯-环己烷(1+1)浸泡过的凝胶，以湿法装入柱中，柱床高约 26 cm，凝胶始终会保持在洗脱剂中。

8. 全自动凝胶色谱系统：带有固定波长(254 nm)紫外检测器。

9. 氮吹仪

**【实验方法】**

1. 样品的处理

称取捣碎匀浆后的样品 10～20 g(精确到 0.01 g)。果蔬和肉蛋和乳类样品称约 20 g，果蔬类擦净后去掉非可食部分后切细，匀浆，称取 20 g。肉类去筋，切成小块，制成肉糜。蛋类去壳，乳品混匀。对于粮食样品先将其粉碎，过 20 目筛制成粮食试样，称取 10 g。

将样品置于 200 ml 具塞三角烧瓶中，加水 5 ml(视试样含水量而定，使总水量约 200 ml)。加入 40 ml 丙酮振摇 30 min 后，加入氯化钠 6 g，充分摇匀。加 30 ml 石油醚振摇 30 min。静置分层后，过无水硫酸钠层将有机相全部转移至 100 ml 具塞三角瓶中。量取 35 ml 于旋转蒸发仪上浓缩至约 1 ml，用乙酸乙酯-环己烷(1+1)洗液洗涤旋转蒸发仪数次，将洗液合并至试管中，定容至 10 ml。

2. 净化与浓缩

(1) 手动凝胶色谱柱净化：将样品提取液经凝胶柱以乙酸乙酯-环己烷(1+1)洗脱，弃去 0～35 ml 流分，收集 35～75 ml 流分，氮吹法浓缩。用正己烷定容至 1.0 ml，供气相色谱分析。

(2) 全自动凝胶渗透色谱系统净化：试样由 5 ml 试样环注入凝胶渗透色谱(GPC)柱，泵流速 5.0 ml/min，以乙酸乙酯-环己烷(1+1)洗脱，弃去 0～7.5 min 流分，收集 7.5～15 min 流分，15～20 min 冲洗 GPC 柱。将收集的流分旋转蒸发至约 1 ml，用氮气吹至近干，用正己烷定容至 1.0 ml，供气相色谱分析。

3. 测定

(1) 气相色谱参考条件

色谱柱：石英弹性毛细管色谱柱。

气体流速：氮气 1 ml/min，尾吹气 25 ml/min。

柱温：90℃(1 min)$\xrightarrow{40^\circ C/min}$170℃$\xrightarrow{2.3^\circ C/min}$230℃(17 min)$\xrightarrow{40^\circ C/min}$230℃(5 min)。

进样口温度：280℃不分流进样。

检测器：温度 300℃。

柱前压：0.5MPa。

(2) 色谱分析

吸取 1 μl 试样液和标准液注入气相色谱仪，以保留时间定性，用外标法与标准组分比较定量。

**【实验结果计算】**

按下式计算样品中农药的含量：

$$X(\mathrm{mg/kg}) = \frac{m_1 \times V_1 \times D \times 1\,000}{m \times V_2 \times 1\,000}$$

式中，$X$——样品中农药的含量，mg/kg；

$m_1$——被测样液各农药的质量，μg；

$V_1$——样品进样体积，μl；

$V_2$——最后定容体积，ml；

$m$——样品的质量，kg；

$D$——稀释倍数。

**【注意事项】**

1. 熟悉气相色谱仪的使用方法和操作步骤，避免对仪器的损害与污染。
2. 对有机氯农药采样时，应用玻璃瓶，不能用塑料瓶。

**【思考题】**

简述气相色谱仪的基本构造。

# 实验四十　有机磷农药残留量的测定——气相色谱法

**【实验目的】**

1. 学习气相色谱检测食品中有机磷残留的方法；
2. 了解有机磷的提取、纯化和浓缩方法。

**【实验原理】**

食品中残留的有机磷农药经有机溶剂提取、纯化、浓缩后，注入气相色谱仪，汽化后在载汽携带下与色谱柱中分离，由火焰光度检测器检测，根据色谱峰的保留时间定性，试样的峰面积或峰高与标准品的峰高进行比较定量。

**【实验试剂】**

1. 丙酮

2. 二氯甲烷

3. 无水硫酸钠

4. 中性氧化铝：经 300℃活化 4 h 后备用。

5. 活性炭：称取 20 g 活性炭用盐酸(3 mol/L)浸泡过夜，抽滤后，用水至无氯离子，在 120℃烘干备用。

6. 50 g/L $Na_2SO_4$

7. 有机磷农药标准液：准确称取纯有机磷农药各 10 g，用二氯甲烷为溶剂，分别配制成 1.0 mg/ml 标准储备液，4℃保存，使用时根据各农药品种的仪器响应情况，吸取不同量的标准储备液，用二氯甲烷稀释配成单品种的标准使用液。

**【实验仪器】**

1. 气相色谱仪：附有火焰光度检测器(FDP)

2. 组织捣碎机

3. 旋转蒸发仪

4. 布氏漏斗

5. 氮吹仪

**【实验方法】**

1. 样品处理

(1) 果蔬：将样品切碎后匀浆，称取 10.00 g 于 250 ml 具塞三角瓶中，加 30～50 g 无水硫酸钠(根据蔬菜含水量)脱水，剧烈振荡后如果有固体硫酸钠存在，说明所加无水硫酸钠已够。加 0.2～0.8 g 活性炭(根据蔬菜色素含量)脱色。加70 ml 二氯甲烷，在振荡器上振摇 30 min，经滤纸过滤。量取 35 ml 滤液，在通风橱中室温下自然挥发至近干。用二氯甲烷少量多次洗涤残渣，移入 10 ml(或 5 ml)具塞刻度试管中，并定容至2.0 ml，备用。

(2) 粮食：将试样磨碎过 20 目筛，混匀。称取 10.00 g 于具塞三角瓶中，加入 0.5 g 中性氧化铝及 20 ml 二氯甲烷，在振荡器上振摇 30 min，滤液直接进样。如果农药残留量过低，则加入 30 ml 二氯甲烷，振摇过滤，量取 15 ml 滤液浓缩并定容至 2 ml，进样。

(3) 植物油：称取 5.00 g 试样，用 50 ml 丙酮分次溶解并洗入分液漏斗中，摇匀后，加 10 ml 水，轻轻旋转振摇 1 min，静置 1 h 以上，用滴管吸出上层溶液自(如果乳化严重，分层不清，则放入 50 ml 离心管中，以 2 500 r/min 离心 30 min)。加 30 ml 二氯甲烷，100 ml 硫酸钠溶液(50 g/L)振摇 1 min，静置分层后，将二氯甲烷提取液移至蒸发皿中。丙酮水溶液再用 10 ml 二氯甲烷提取一次，分层后，合并到蒸发皿中。自然挥发后，用二氯甲烷少量多次洗涤蒸发皿，移入 10 ml(或 5 ml)具塞刻度试管中，并定容 5.0 ml。加 2 g 无水硫酸钠振摇脱水，再加 1 g 中性氧化铝、0.2 g 活性炭(毛油可加 0.5 g)振摇脱油和脱色，过滤，滤液直接进样。

2. 测定

(1) 气相色谱参考条件

色谱柱：玻璃柱，内径 3 mm，长 1.5～2.0 m。

分离测定敌敌畏、马拉硫磷、乐果的色谱柱内装 2.5%SE-30 与 3%QF-1 的 Chromosorb WAW DMCS，60～80 目。

分离测定甲拌磷、虫满磷、稻温净、杀螟松等的色谱柱内装 3%PEGA、0.5% QF-1 的 Chromosorb WAW DMCS，60～80 目；或内装 2%NGPA 与 3%Chromosorb WAW DMCS，60～80 目。

气体流速：氮气 80 ml/min，氢气 180 ml/min，空气 50 ml/min。

柱温：180℃(测定敌敌畏为 130℃)。

进样口温度：220℃。

检测器温度：240℃。

(2) 色谱分析

吸取 2 μl 标准液注入气相色谱仪，可测得不同浓度有机磷标准溶液的峰高，分别绘制标准曲线。同时吸取试样溶液 2 μl 注入气相色谱仪中，测得的峰高从标准曲线查出相应的含量。

## 【实验结果计算】

按下式计算样品中农药的含量：

$$X(\text{mg/kg}) = \frac{A \times 1\,000}{m \times 1\,000 \times 1\,000}$$

式中，$X$——样品中农药的含量，mg/kg；

$A$——进样体积中有机磷农药的质量，ng；

$m$——进样体积相当于试样的质量，g。

## 【注意事项】

1. 敌敌畏、甲拌磷、倍硫磷、杀螟硫磷在重复条件下获得的两次独立测定结果的绝对差值不得超过算术平均值的 10%。乐果、马拉硫磷、对硫磷、稻温净在重复条件下获得的两次独立测定结果的绝对差值不得超过算术平均值的 15%。

2. 敌敌畏的稳定性差且易被色谱柱中的担体吸附，故降低柱温。

## 【思考题】

简述火焰光度检测器的测定原理。

# 第七章　食品中辅料的测定

## 实验四十一　水产品中盐分的测定——莫尔法

**【实验目的】**

掌握水产品中盐分测定的方法及原理。

**【实验原理】**

样品经过处理后，在中性溶液中氯化物与硝酸银作用，生成难溶的白色氯化银沉淀，过量的硝酸银即与指示剂铬酸钾作用，生成砖红色的铬酸银沉淀即为终点，反应式如下：

$$Cl^- + Ag^+ \rightarrow AgCl\downarrow$$

$$2AgNO_3 + K_2CrO_4 \rightarrow Ag_2CrO_4\downarrow + 2KNO_3$$

根据硝酸银标准溶液的用量，计算盐分的含量。

**【实验试剂】**

1. 0.1 mol/L 硝酸银标准溶液：称取 17.5 g 硝酸银，加入适量水使之溶解，并稀释至 1 000 ml，混匀，避光保存。需标定。

2. 10%铬酸钾溶液：称取 10 g 铬酸钾固体，溶于 100 ml 水中。

**【实验仪器】**

1. 滴定管
2. 蒸发皿
3. 电炉

**【实验方法】**

精称取 2.000 0 g 左右的样品于蒸发皿中，在电炉上炭化，至炭化物能用玻璃棒全部压碎为止，加少量蒸馏水用玻棒充分研磨，用蒸馏水将炭化物转移到 250 ml 容量瓶中，定容，摇匀后过滤于干燥锥形瓶中，吸滤液 25 ml 于三角烧瓶中，加 10% $K_2CrO_4$ 指示剂 0.5 ml，以 0.1 mol/L $AgNO_3$ 标准溶液滴定至砖红色 1 min 不褪色为终点。同时做空白试验。

**【实验结果计算】**

按下式计算样品中盐分的含量：

$$X(\%)=\frac{c\times(V-V_0)\times 0.05845}{m\times\frac{V_1}{V_2}}\times 100$$

式中，$X$——样品中盐分含量(以 NaCl 计)，%；

$c$——硝酸银标准溶液浓度，mol/L；

$V$——滴定样品所用硝酸银标准溶液的体积，ml；

$V_0$——滴定空白所用硝酸银标准溶液的体积，ml；

$V_1$——滴定用样品浸出液的体积，ml；

$V_2$——样品浸出液总体积，ml；

$m$——样品溶液相当于样品的质量，g；

0.058 45——与 1 ml 1 mol/L 硝酸银标准溶液相当的氯化钠的质量，g。

**【注意事项】**

1. 同时做两个平行样，盐分含量≥3%时，测定结果相对偏差允许 3%；盐分含量<3%，测定结果绝对差允许 0.2%，结果取平行样的算术平均值。
2. 滴定时溶液的 pH 应在 6.5～10.5 之间，否则测定结果会有误差。
3. 计算结果保留至小数点后第二位。

**【思考题】**

1. 直接滴定法测定食品中盐分的原理是什么？
2. 在滴定过程中，为什么 $K_2CrO_4$ 指示剂需准确加入？

# 第八章　食品卫生指标的检测

## 实验四十二　水产品中挥发性盐基氮的测定——水蒸气蒸馏法

**【实验目的】**

1. 了解挥发性盐基氮测定的意义；

2. 掌握挥发性盐基氮测定的原理和方法。

**【实验原理】**

挥发性盐基氮是指动物性食品由于酶和细菌的作用，在腐败过程中，使蛋白质分解氨及胺类等碱性含氮物质，此项定量检验是利用氧化镁使碱性含氮物质游离而蒸馏出来。用2%硼酸吸收，用标准盐酸溶液滴定，计算求得含量。

**【实验试剂】**

1. 1%氧化镁混悬液：称取1.0 g氧化镁，加100 ml水，振荡成混悬液。

2. 2%硼酸溶液

3. 甲基红-溴甲纷绿混合指示剂：2%甲基红95%乙醇溶液1份与0.2%溴甲纷绿乙醇溶液5份混合。

4. 0.01 mol/L盐酸标准溶液或0.01 mol/L硫酸标准滴定液。需标定。

**【实验仪器】**

1. 半微量凯氏定氮装置(图8.1)

2. 微量滴定管：最小分度0.01 ml。

**【实验方法】**

1. 样品处理

将对虾去头、尾、壳后，剪细研匀，称取10 g于小烧杯中，加无氨蒸馏水100 ml，不时振摇，浸抽30 min后干过滤，溶液待测。

2. 仪器安装检查

按照装置图(图8.1)连接好仪器，在圆底烧瓶中加入自来水和素烧次瓷片5～6片，加入3滴甲基红作指示剂，再滴入浓$H_2SO_4$使水变红色，使呈酸性。然后加热并用蒸汽清洗仪器2～3次。

3. 测定

吸取10 ml 2%硼酸溶液于锥形瓶中，加5～6滴混合指示剂，置于冷凝管下

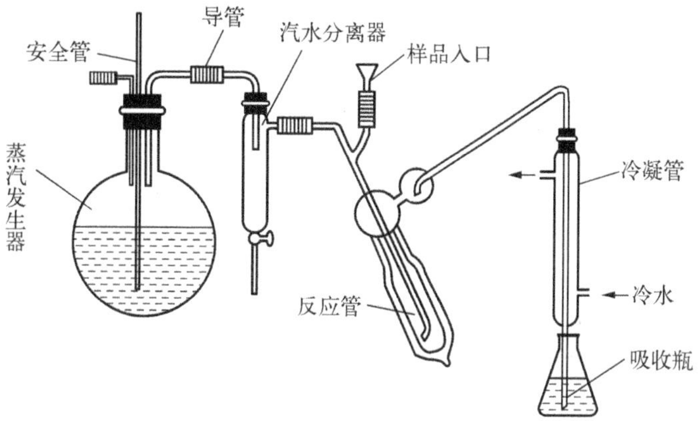


图 8.1　半微量凯氏定氮装置

端浸于吸收液中，吸取滤液 5 ml 于蒸馏器反应室内，并加 1%MgO 溶液 5 ml，用少量蒸馏水冲洗漏斗，迅速夹紧进样胶管，并在进样液的漏斗内加水液封，进行蒸馏。由冷凝管开始出现第一滴冷凝水开始计算，蒸馏 5 min 后停止蒸馏（或蒸馏至40 ml离开液面，用蒸馏水冲洗冷凝管尖端后继续蒸至 50 ml），停止蒸馏，吸收液用 0.01 mol/L 盐酸标准液滴定，终点呈酒红色，同时做平行试验与空白试验。

**【实验结果计算】**

按下式计算样品中挥发性盐基氮的含量：

$$X(\text{mg}/100\ \text{g}) = \frac{c \times (V_1 - V_0) \times 14}{m \times \dfrac{V_2}{V} \times 100}$$

式中，$X$——挥发性盐基氮，mg/100 g；

$c$——盐酸标准溶液的浓度，mol/L；

$V_0$——试剂空白消耗盐酸标准溶液的体积，ml；

$V_1$——被测样液消耗盐酸标准溶液的体积，ml；

$V_2$——蒸馏用待测液体积，ml；

$V$——样品待测液总体积，ml；

$m$——样品质量，g；

14——1 mol/L 盐酸标准溶液 1 ml 相当于氮的质量，mg。

**【注意事项】**

1. 实验前应检查装置气密性，保持装置气密性良好。
2. 每个样品测定之间要用蒸馏水洗涤仪器 2～3 次。
3. 样品浸渍液可用多层纱布过滤除渣，如过滤液不马上使用，应放冰箱保存。

4. 计算结果保留三位有效数字。

**【思考题】**

1. 挥发性盐基氮测定的意义是什么?
2. 水产品鲜度的评价有哪些指标?如何评价?

# 实验四十三　水产品中组胺的测定——偶氮试剂比色法

**【实验目的】**

1. 了解水产品中组胺的危害;
2. 熟悉组胺提取与分离;
3. 掌握偶氮试剂比色法测定水产品中的组胺。

**【实验原理】**

鱼体中组胺用正戊醇溶液提取分离后,组胺与重氮盐在弱碱性溶液中进行偶氮反应,产生橙色化合物,与标准系列比色测定,求得被测样品中组胺的含量。

**【实验试剂】**

1. 碳酸钠溶液(50 g/L)
2. 氢氧化钠溶液(250 g/L)
3. 盐酸(1+11)
4. 偶氮试剂-甲液:取 0.5 g 对硝基苯胺,加 5 ml 盐酸溶解后,再加水稀释至 200 ml,置冰箱中。

乙液:亚硝酸钠溶液(5 g/L),临用现配。

甲液 5 ml、乙液 40 ml 混合后立即使用。

5. 正戊醇
6. 三氯乙酸溶液(100 g/L)
7. 组织胺标准溶液:准确称取 0.276 7 g 于 100±5℃干燥 2 h 的磷酸组织胺,溶于水,移入 100 ml 容量瓶中,再加水稀释至刻度。此溶液每毫升相当于 1.0 mg 组织胺。
8. 磷酸组织胺标准使用液:吸取 1.0 ml 组织胺标准溶液,置于 50 ml 容量瓶中,加水稀释至刻度。此溶液每毫升相当于 20 μg 组织胺。

**【实验仪器】**

1. 具塞锥形瓶

2. 分液漏斗

3. 比色管

4. 分光光度计

## 【实验方法】

1. 样品处理

称取 5.00～10.00 g 切碎样品，置于具塞锥形瓶中，加入 15～20 ml 三氯乙酸溶液(100 g/L)，浸泡 2～3 h，过滤。吸取 2.0 ml 滤液，置于分液漏斗中，加氢氧化钠溶液(250 g/L)使呈碱性，每次加入 3 ml 正戊醇，振摇 5 min，提取三次，合并正戊醇并稀释至 10.0 ml。吸取 2.0 ml 正戊醇提取液于分液漏斗中，每次加 3 ml 盐酸(1＋11)振摇提取三次，合并盐酸提取液并稀释至 10.0 ml。备用。

2. 测定

吸取 2.0 ml 盐酸提取液于 10 ml 比色管中。另吸取 0 ml、0.20 ml、0.40 ml、0.60 ml、0.80 ml、1.0 ml 组织胺标准使用液(相当于 0 μg、4 μg、8 μg、12 μg、16 μg、20 μg 组织胺)，分别置于 10 ml 比色管中，加水至 1 ml，再各加 1 ml 盐酸(1+11)，样品与标准管各加 3 ml 碳酸钠溶液(50 g/L)，3 ml 偶氮试剂，加水至刻度，混匀，放置 10 min 后用 1 cm 比色杯以零管调节零点，于 480 nm 波长处测吸光度，绘制标准曲线比较，或与标准系列目测比较。

## 【实验结果计算】

按下式计算样品中组胺的含量：

$$X(\text{mg}/100\ \text{g}) = \frac{m_1}{m_2 \times \frac{2}{V_1} \times \frac{2}{10} \times \frac{2}{10} \times 1\,000} \times 100$$

式中，$X$——样品中组织胺的含量，mg/100 g；

$V_1$——加入三氯乙酸溶液的体积，ml；

$m_1$——测定时样品中组织胺的质量，μg；

$m_2$——样品质量，g。

## 【注意事项】

在重复性条件下获得的两次独立测定结果的绝对差值不得超过算术平均值的 10%。

## 【思考题】

1. 水产品中组胺含量过高对人体有哪些危害？

2. 组胺的提取和分离的过程及原理是什么？

# 实验四十四　油脂中酸价的测定

**【实验目的】**

1. 理解酸价的定义；

2. 掌握酸价测定的原理及操作方法。

**【实验原理】**

油脂中的游离脂肪酸与氢氧化钾产生反应，每克油脂消耗的氢氧化钾的毫克数，称为酸价。反应式如下：

$$RCOOH+KOH \rightarrow RCOOK+H_2O$$

**【实验试剂】**

1. 醇醚混合液：按乙醚-乙醇(2+1)混合。用氢氧化钾溶液(3 g/L)中和至酚酞指示剂呈中性。

2. 1%酚酞指示液

3. 0.050 mol/L KOH 标准溶液：需标定。

**【实验仪器】**

1. 150 ml 三角烧瓶

2. 25 ml 碱式滴定管

**【实验方法】**

精称 3.000～5.000 g 混匀的试样，于 150 ml 三角烧瓶中，加入 50 ml 中性醇醚混合溶剂，振摇溶解(必要时温热，加入酚酞指示剂 2～3 滴)，用 0.050 mol/L KOH 标准溶液滴定，至初现微红色，且 0.5 min 内不褪色为终点，同时做空白试验。

**【实验结果计算】**

按下式计算油脂中酸价：

$$X(\text{mg/g}) = \frac{C \times (V - V_0) \times 56.11}{m}$$

式中，$X$——酸价(以 KOH 计)，mg/g；

$C$——氢氧化钾标准滴定溶液的实际浓度，mol/L；

$V$——样品试样消耗氢氧化钾标准溶液的体积，ml；

$V_0$——空白试样消耗氢氧化钾标准溶液的体积，ml；

$m$——样品的质量，g；

56.11——与 1.0 ml 氢氧化钾标准滴定溶液[$c$(KOH)＝1.000 mol/L]相当的氢氧化钾毫克数。计算结果保留两位有效数字。

**【注意事项】**

1. 当样品酸价较低，即使在加大样品称量的情况下，消耗标准溶液不超过1 ml时，最好使用微量滴定管。

2. 当样品酸价值较低，在测定酸价时，称重以5～9 g为宜进行滴定，这样可以把相对偏差控制在10%以内。

**【思考题】**

1. 测定酸价时，加入乙醇有何目的？

2. 测定食品酸价时某些食品本身具有较深的颜色，如何处理？

# 实验四十五　油脂中过氧化值的测定——滴定法

**【实验目的】**

1. 了解滴定法测油脂过氧化值的原理；

2. 掌握滴定法测油脂过氧化值的方法。

**【实验原理】**

油脂氧化过程中产生过氧化物，过氧化物与氢碘酸作用，析出游离碘。为了获得氢碘酸可在冰醋酸中加入碘化钾。

$$CH_3COOH + KI \longrightarrow CH_3COOK + HI$$

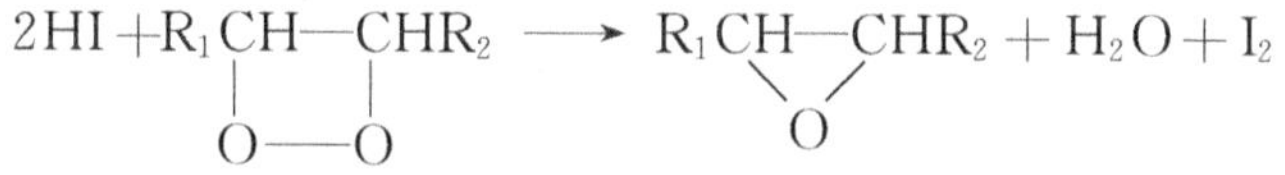

过氧化物

析出的游离碘，以淀粉作指示剂，用硫代硫酸钠标准溶液滴定，根据硫代硫酸钠标准溶液的用量计算过氧化值。

$$I_2 + 2Na_2S_2O_3 \rightarrow 2\ NaI + Na_2S_4O_6$$

**【实验试剂】**

1. 饱和碘化钾溶液：称取14 g碘化钾，加10 ml水溶解，必要时微热使其溶解，冷却后贮于棕色瓶中。

2. 三氯甲烷-冰醋酸混合液：量取40 ml三氯甲烷，加60 ml冰醋酸，混匀。

3. 0.002 0 mol/L $Na_2S_2O_3$标准滴定溶液

4. 淀粉指示剂(10 g/L)：称取可溶性淀粉0.50 g，加少量水，调成糊状，倒入

50 ml 沸水中调匀，煮沸。临用时现配。

**【实验仪器】**

1. 250 ml 碘价瓶
2. 25 ml 滴定管

**【实验方法】**

精称 2.000～3.000 混匀的样品于 250 ml 碘价瓶中，加入 30 ml 三氯甲烷-冰醋酸混合液，使之溶解，加入饱和碘化钾溶液 1.00 ml，紧密塞好瓶盖，并轻轻振摇 0.5 min，然后在暗处静置 3 min，取出加 100 ml 蒸馏水，摇匀，立即用 0.002 0 mol/L $Na_2S_2O_3$ 标准溶液滴定至淡黄色，加淀粉指示剂 1 ml，继续滴定至终点（无色）。同时做空白实验。

**【实验结果计算】**

按下式计算油脂中过氧化值：

$$X(\mathrm{g/100\ g})=\frac{c\times(V-V_0)\times 0.1269}{m}100$$

式中，$X$——样品中的过氧化值，g/100 g；

$c$——$Na_2S_2O_3$ 标准溶液浓度，mol/L；

$V$——样液测定消耗 $Na_2S_2O_3$ 标准溶液的体积，ml；

$V_0$——空白试验消耗 $Na_2S_2O_3$ 标准溶液的体积，ml；

0.126 9——1 mol/L $Na_2S_2O_3$ 标准溶液 1 ml 相当于碘的克数。

计算结果保留两位有效数字。

**【注意事项】**

测定过程中，要防止碘的挥发和氧化。

**【思考题】**

1. 检测过氧化值的意义是什么？
2. 如何防止碘的挥发和氧化？

# 实验四十六　食品中黄曲霉毒素 $B_1$ 的测定——薄层色谱法

**【实验目的】**

1. 掌握薄层色谱法的基本操作技术；

2. 掌握黄曲霉毒素的测定原理；

3. 了解薄层色谱法定性和定量分析的方法。

**【实验原理】**

样品中黄曲霉毒素（AFT）$B_1$经有机溶剂提取、净化、浓缩并经薄层色谱分离后，在波长 365 nm 的紫外光下产生蓝紫色荧光，将其在薄层板上显示荧光的强度与标准品 AFT $B_1$最低检出量产生的荧光强度比较来测定样品中 AFT $B_1$的含量。

**【实验试剂】**

1. 甲醇
2. 正己烷或石油醚（沸程 60～90℃）
3. 甲醇-水溶液（55＋45）
4. 三氟乙酸
5. 三氯甲烷
6. 苯-乙腈溶液（98＋2）
7. 丙酮-三氯甲烷溶液（8＋92）
8. 苯
9. 乙腈
10. 无水乙醚
11. 丙酮
12. 氯化钠
13. 无水硫酸钠
14. 硅胶 G
15. 黄曲霉毒素 $B_1$标准贮备液：用百万分之一的微量分析天平精密称取 1～1.2 mgAFT $B_1$标准品，先加入2 ml 乙腈溶解后，再用苯稀释至 100 ml，避光置于4℃冰箱中保存。使用前用紫外分光光度计测定其浓度，再用苯-乙腈混合溶液调整其浓度为 10 μg/ml。（在350 nm 测定 AFT $B_1$的苯-乙腈溶液的吸光度，其摩尔消光系数为 19 800，可根据朗伯-比尔定律求出其浓度。）
16. 黄曲霉毒素 $B_1$标准使用液Ⅰ（1 μg/ml）：吸取 1.0 ml 10 μg/ml 的黄曲霉毒素 $B_1$标准贮备液于 10 ml 容量瓶中，加苯-乙腈混合溶液定容。
17. 黄曲霉毒素 $B_1$标准使用液Ⅱ（0.2 μg/ml）：吸取 1.0 ml 1 μg/ml 的黄曲霉毒素 $B_1$标准使用液Ⅰ于 5 ml 容量瓶中，加苯-乙腈混合溶液定容。
18. 黄曲霉毒素 $B_1$标准使用液Ⅲ（0.04 μg/ml）：吸取 1.0 ml 0.2 μg/ml 的黄曲霉毒素 $B_1$标准使用液Ⅱ于 5 ml 容量瓶中，加苯-乙腈混合液定容。

**【实验仪器】**

1. 小型粉碎机
2. 涂布器

3. 玻璃板：5 cm×20 cm

4. 展开槽：长 25 cm，宽 6 cm，高 4 cm

5. 紫外光灯：100～125 W，带 365 nm 滤光片

6. 微量注射器

## 【实验方法】

1. 样品处理

称取 4 g 混匀的花生油样品于小烧杯中，用 20 ml 石油醚或正己烷，将其转移到 125 ml 分液漏斗中，用 20 ml 甲醇-水溶液分数次洗烧杯，洗液并入分液漏斗中，振摇 2 min，静止分层后，将下层甲醇-水溶液移入第二分液漏斗，再用 5 ml 甲醇-水溶液重复提取一次，提取液并入第二分液漏斗中。在第二分液漏斗中加入 20 ml 三氯甲烷，振摇 2 min，静止分层后，放出三氯甲烷层，经盛有约 10 g 先用三氯甲烷湿润的无水硫酸钠的慢速滤纸过滤于 50 ml 蒸发皿中，分液漏斗中再加 5 ml 三氯甲烷提取一次，三氯甲烷层一并滤入蒸发皿中，最后用少量三氯甲烷洗过滤器，洗液并入蒸发皿中。在通风柜中，将蒸发皿于 65℃水浴上挥干，然后放入冰盒上冷却 2～3 min，准确加入 1 ml 苯-乙腈混合液，用带橡皮头滴管的管尖将残渣充分混合，若有结晶析出，将蒸发皿取下，继续溶解、混匀，晶体消失后用滴管吸取上清液转移于 2 ml 具塞试管中。

2. 样品测定

(1) 薄层板的制备

称取约 3 g 硅胶 G，加相当于硅胶量 2～3 倍左右的水，用力研磨 1～2 min，至成糊状后立即倒入涂布器内，推铺成 5 cm×20 cm、厚度为 0.25 mm 的薄层板三块。于空气中干燥约 15 min 后，在 100℃下活化 2 h，取出放入干燥器中保存。

(2) 点样

将薄层板边缘附着的吸附剂刮净，在距薄层板底端 3 cm 的基线上用微量注射器滴加样液和标准液：

第一点：10 μl 0.04 μg/ml AFT $B_1$ 标液；

第二点：20 μl 样液；

第三点：20 μl 样液＋10 μl 0.04 μg/ml AFT $B_1$ 标液；

第四点：20 μl 样液＋10 μl 0.2 μg/ml AFT $B_1$ 标液。

要求点距边缘和点间距约为 1 cm，样点直径约 3 cm，大小相同，点样时可用电吹风(冷风)边吹边点。

(3) 展开

在展开槽内加 10 ml 无水乙醚，将点好样的薄层板预展 12 cm，取出挥干。再于另一展开槽内加 10 ml 丙酮＋三氯甲烷(8＋92)混合溶剂，展开 10～12 cm，取出挥干。

(4) 结果观察

将展开好的薄板放在 365 nm 的紫外灯光下观察：a. 若第一点无荧光或都无

荧光。说明薄板或展开剂未制备好，需重新制备。b. 第一点有荧光，而其余三点无荧光。说明样液中有荧光猝灭剂，样液需重新制备。c. 第一点有荧光，第二点无荧光，三、四点有荧光。说明样液不含 AFT $B_1$ 或含量小于最低检出量。d. 四个点都有荧光。需做确证实验后再进行定量。

(5) 确证实验

在另一薄板上左边依次点两个样：

第一点：10 μl 0.04 μg/ml AFT $B_1$ 标液；

第二点：20 μl 样液。

在以上两点各加一小滴三氟乙酸(TFA)，待反应 5 min 后，用电吹风(热风)吹 2 min，使温度不高于 40℃。再在薄层板的右边点以下两个点：

第三点：10 μl 0.04 μg/L AFT $B_1$ 标液；

第四点：20 μl 样液。

同上进行展开后，于紫外光下观察样液是否产生与 AFT $B_1$ 标准点相同的衍生物，未加 TFA 的第三、四点做空白对照。

(6) 稀释定量

若第二点的荧光强度比第一点强，则根据其强度估计减少点样体积，于另一薄板上点四个点：

第一点：10 μl 0.04 μg/ml AFT $B_1$ 标液；第二点：10 μl 样液；第三点：15 μl 样液；第四点：20 μl 样液。

展开后取荧光强度与第一点相同的样点进行计算。

## 【实验结果计算】

黄曲霉毒素 $B_1$ 的含量按下式进行计算。

$$X = 0.0004 \times \frac{V_1 \times D}{V_2 \times m}$$

式中，$X$——样品中黄曲霉毒素 $B_1$ 的含量，μg/kg；

$V_1$——稀释前样液的总体积，ml；

$V_2$——出现同等荧光强度的稀释后样液点样量，μl；

$D$——样液的稀释倍数；

$m$——样品的质量，g；

0.000 4——黄曲霉毒素 $B_1$ 的最低检出量，μg。

## 【注意事项】

整个操作需在暗室条件下进行。

## 【思考题】

黄曲霉毒素有哪些主要化合物？存在哪些危害？

# 第九章　提高性与研究性实验

## 实验四十七　原子吸收光谱法测定几种微量元素

**【实验目的】**

1. 掌握采用原子吸收光谱法对多种金属微量元素的测定；
2. 了解样品的处理方法；
3. 掌握试剂的配置方法等。

**【实验原理】**

在使用锐线光源条件下，基态原子蒸气对共振线的吸收，符合朗伯-比尔定律：

$$A = \log(I_0/I) = KLN_0$$

在试样原子化时，火焰温度低于 3 000 K 时，对大多数元素来说，原子蒸气中基态原子的数目实际上接近原子总数。在固定的实验条件下，待测元素的原子总数是与该元素在试样中的浓度 $C$ 成正比的。因此，上式可以表示为：

$$A = K'C$$

这就是进行原子吸收定量分析的依据。对组成简单的试样，用标准曲线法进行定量分析较方便。

本实验以锌、铜元素为例，采用原子吸收法测定食品中多种微量元素。

**【实验仪器】**

1. 原子吸收分光光度计
2. 空气压缩机
3. 乙炔钢瓶

**【实验试剂】(根据需要准备)**

1. 浓盐酸（优级纯），稀盐酸溶液(1+1)
2. $HNO_3$溶液(1+1)
3. 100 mg/L　Zn 标准贮备液：溶解 0.100 0 g 纯金属锌于 50 ml　HCl 溶液(1+1) 中，用去离子水稀释至 1 L，即得 100 mg/L 标准贮备液。

4. 100 mg/L　Cu标准贮备液：溶解0.100 0 g纯金属铜于50 ml H $NO_3$溶液(1+1)中，用去离子水稀释至1 L，即得100 mg/L标准贮备液。

5. 去离子水或蒸馏水

**【实验方法】**

1. 配制标准溶液系列

(1) 锌标准溶液系列　将100 mg/L Zn标准贮备液用去离子水稀释10倍，即为10 mg/L Zn工作液。准确吸取10 mg/L Zn工作液0 ml、2.00 ml、4.00 ml、6.00 ml、8.00 ml、10.0 ml，分别置于6只100 ml容量瓶中，用去离子水稀释至刻度，摇匀备用。该标准溶液系列锌的浓度分别为0 mg/L、0.2 mg/L、0.4 mg/L、0.6 mg/L、0.8 mg/L、1.0 mg/L。

(2) 铜标准溶液系列　将100 mg/L Cu标准贮备液用去离子水稀释10倍，即为10 mg/L Cu工作液。准确吸取10 mg/L Cu工作液0 ml、2.00 ml、4.00 ml、6.00 ml、8.00 ml、10.0 ml、15.0 ml、20.0 ml，分别置于8只100 ml容量瓶中，用去离子水稀释至刻度，摇匀备用。该标准溶液系列铜的浓度分别为0 mg/L、0.2 mg/L、0.4 mg/L、0.6 mg/L、0.8 mg/L、1.0 mg/L、1.5 mg/L、2.0 mg/L。

锌和铜的标准溶液系列可分开配置，也可配置在同一容量瓶中。

2. 样品处理

称取均匀样品5.000 0 g于坩埚中，经炭化后，在高温炉中于550℃下灰化。取出冷却后，以5 ml HCl溶液(1+1)溶解，转移于100 ml容量瓶中用去离子水定容。

3. 根据试验条件，将原子吸收分光光度计按仪器操作步骤进行调节，待仪器电路和气路系统达到稳定时，即可进样。测定各标准溶液系列溶液的吸光度。

4. 在相同的实验条件下，分别测定样品溶液中锌、铜的吸光度。

**【数据及处理】**

1. 记录实验条件

(1) 仪器型号

(2) 吸收线波长(nm)

(3) 空心阴极灯电流(mA)

(4) 狭缝宽度(nm)

(5) 燃烧器高度(nm)

(6) 乙炔流量(L/ml)

(7) 空气流量(L/ml)

(8) 助燃比

2. 列表记录测量锌、铜标准溶液系列溶液的吸光度，然后以吸光度为纵坐标，标准溶液系列浓度为横坐标绘制标准曲线或通过 Excel 等统计软件工具计算直线回归方程。

测量样品溶液的吸光度，然后在上述标准曲线上查得样品中锌、铜的浓度(mg/L)。若经稀释需乘上倍数求得样品中锌、铜的含量。

**【要求】**

学生选两种以上元素进行分析，分析方案按以上格式由学生自己进行设计，经指导教师审核通过后实施。定量方法采用标准曲线法、标准加入法等两种以上。对所分析的样品进行评价。

# 实验四十八　对虾鲜度和主要品质指标的分析

**【实验目的】**

1. 了解水产品鲜度和品质评定的主要指标；
2. 掌握水产品鲜度和主要品质指标的测定方法；
3. 熟悉试剂的配制和标准试剂的标定；
4. 掌握分析数据的处理和结果的表达。

**【任务和要求】**

找出评价水产品鲜度和品质的几种指标。制定这些指标测定的实验方案，并进行实验测定。

要求 2～4 人组成团队，查阅资料，设计方案。提倡同学之间相互交流，待老师指导确定方案后，进行实验。最终提交分析实验方案、检测报告及检测报告的分析等报告各一份。

**【报告内容】**

1. 分析实验方案内容：包括分析方法、原理、试剂、仪器、实验步骤、结果计算、注意事项、问题探讨、参考文献等。

2. 检测报告：设计检测报告格式并给出报告。

3. 检测报告的分析：对检测报告中的各数据进行分析，对样品的鲜度和品质进行评定。

# 实验四十九 新的一种分析方法的建立与评价

## 【实验目的】

1. 掌握如何评价新的分析方法；
2. 掌握分析方法的选择；
3. 培养学生自学和查阅文献的能力；
4. 培养学生掌握设计实验的思路和基本科研技能。

## 【任务和要求】

选择某一种新的分析方法，通过与国标方法及回收率的分析进行比较。对该方法的准确性进行评价。实验的具体名称由学生根据自己的兴趣确定。

要求2～4人组成团队，查阅资料，设计方案。提倡同学之间相互交流，待老师指导确定方案后，进行实验。最终提交分析实验方案和研究报告各一份。

## 【分析实验方案内容和格式】

1. 分析方法
2. 原理
3. 试剂
4. 仪器
5. 实验步骤
6. 结果计算
7. 注意事项
8. 问题探讨
9. 参考文献

## 【研究报告内容和格式】

1. 题目
2. 团队人员(姓名)
3. 摘要
4. 正文(前言、材料与方法、结果与讨论、小结)
5. 英文题目及摘要

# 实验五十　不同水产品中脂肪含量的分析与比较

## 【实验目的】

1. 掌握水产品中脂肪含量分析的方法选择；
2. 样品的采集和制备；
3. 培养学生自学和查阅文献的能力；
4. 培养学生掌握设计实验的思路和基本科研技能。

## 【任务和要求】

实验的具体名称由学生根据自己的兴趣确定。可以是不同种类的水产品，也可以是同一种类而不同品种的水产品，也可为某一研究目的而设定。

要求2～4人组成团队，查阅资料，设计方案。提倡同学之间相互交流，待老师指导确定方案后，进行实验。最终提交分析实验方案和研究报告各一份。

## 【分析实验方案内容和格式】

同实验四十九。

## 【研究报告内容和格式】

同实验四十九。

# 附　　录

## 附录I　用折射仪测定固形物时的温度校正表

| 温度/℃ | 样品中固形物含量/% | | | | | | | | | | | | | | |
|---|---|---|---|---|---|---|---|---|---|---|---|---|---|---|---|
| | 0 | 5 | 10 | 15 | 20 | 25 | 30 | 35 | 40 | 45 | 50 | 55 | 60 | 65 | 70 |
| 将测得的固形物含量减去下列数据 | | | | | | | | | | | | | | | |
| 10 | 0.50 | 0.54 | 0.58 | 0.61 | 0.64 | 0.68 | 0.70 | 0.72 | 0.73 | 0.74 | 0.75 | 0.76 | 0.77 | 0.78 | 0.79 |
| 11 | 0.46 | 0.49 | 0.53 | 0.55 | 0.58 | 0.60 | 0.62 | 0.64 | 0.65 | 0.66 | 0.67 | 0.68 | 0.69 | 0.70 | 0.71 |
| 12 | 0.42 | 0.45 | 0.48 | 0.50 | 0.52 | 0.54 | 0.56 | 0.57 | 0.58 | 0.59 | 0.60 | 0.61 | 0.61 | 0.63 | 0.63 |
| 13 | 0.37 | 0.40 | 0.42 | 0.44 | 0.46 | 0.48 | 0.49 | 0.50 | 0.51 | 0.52 | 0.53 | 0.54 | 0.54 | 0.55 | 0.56 |
| 14 | 0.33 | 0.35 | 0.37 | 0.39 | 0.40 | 0.41 | 0.42 | 0.43 | 0.44 | 0.45 | 0.45 | 0.46 | 0.46 | 0.47 | 0.48 |
| 15 | 0.27 | 0.29 | 0.31 | 0.33 | 0.34 | 0.34 | 0.35 | 0.36 | 0.37 | 0.37 | 0.38 | 0.39 | 0.39 | 0.40 | 0.40 |
| 16 | 0.22 | 0.24 | 0.25 | 0.26 | 0.27 | 0.28 | 0.29 | 0.30 | 0.30 | 0.30 | 0.30 | 0.31 | 0.31 | 0.32 | 0.32 |
| 17 | 0.17 | 0.18 | 0.19 | 0.20 | 0.21 | 0.21 | 0.21 | 0.22 | 0.22 | 0.23 | 0.23 | 0.23 | 0.23 | 0.24 | 0.24 |
| 18 | 0.12 | 0.13 | 0.13 | 0.14 | 0.14 | 0.14 | 0.14 | 0.15 | 0.15 | 0.15 | 0.15 | 0.16 | 0.16 | 0.16 | 0.16 |
| 19 | 0.06 | 0.06 | 0.07 | 0.07 | 0.07 | 0.07 | 0.07 | 0.08 | 0.08 | 0.08 | 0.08 | 0.08 | 0.08 | 0.08 | 0.08 |
| 将测得的固形物含量加上下列数据 | | | | | | | | | | | | | | | |
| 21 | 0.06 | 0.07 | 0.07 | 0.07 | 0.07 | 0.08 | 0.08 | 0.08 | 0.08 | 0.08 | 0.08 | 0.08 | 0.08 | 0.08 | 0.08 |
| 22 | 0.13 | 0.13 | 0.14 | 0.14 | 0.15 | 0.15 | 0.15 | 0.15 | 0.15 | 0.16 | 0.16 | 0.16 | 0.16 | 0.16 | 0.16 |
| 23 | 0.19 | 0.20 | 0.21 | 0.22 | 0.22 | 0.23 | 0.23 | 0.23 | 0.23 | 0.24 | 0.24 | 0.24 | 0.24 | 0.24 | 0.24 |
| 24 | 0.26 | 0.27 | 0.28 | 0.29 | 0.30 | 0.30 | 0.31 | 0.31 | 0.31 | 0.31 | 0.31 | 0.32 | 0.32 | 0.32 | 0.32 |
| 25 | 0.33 | 0.25 | 0.36 | 0.37 | 0.38 | 0.38 | 0.39 | 0.40 | 0.40 | 0.40 | 0.40 | 0.40 | 0.40 | 0.40 | 0.40 |
| 26 | 0.40 | 0.42 | 0.43 | 0.44 | 0.45 | 0.46 | 0.47 | 0.48 | 0.48 | 0.48 | 0.48 | 0.48 | 0.48 | 0.48 | 0.48 |
| 27 | 0.48 | 0.50 | 0.52 | 0.53 | 0.54 | 0.55 | 0.55 | 0.56 | 0.56 | 0.56 | 0.56 | 0.56 | 0.56 | 0.56 | 0.56 |
| 28 | 0.56 | 0.57 | 0.60 | 0.61 | 0.62 | 0.63 | 0.63 | 0.64 | 0.64 | 0.64 | 0.64 | 0.64 | 0.64 | 0.64 | 0.64 |
| 29 | 0.64 | 0.66 | 0.68 | 0.69 | 0.71 | 0.72 | 0.73 | 0.73 | 0.73 | 0.73 | 0.73 | 0.73 | 0.73 | 0.73 | 0.73 |
| 30 | 0.72 | 0.74 | 0.77 | 0.78 | 0.79 | 0.80 | 0.80 | 0.81 | 0.81 | 0.81 | 0.81 | 0.81 | 0.81 | 0.81 | 0.81 |
| 31 | 0.78 | 0.78 | 0.78 | 0.81 | 0.81 | 0.81 | 0.81 | 0.81 | 0.81 | 0.81 | 0.81 | 0.81 | 0.81 | 0.81 | 0.81 |
| 32 | 0.90 | 0.90 | 0.90 | 0.88 | 0.88 | 0.88 | 0.88 | 0.84 | 0.84 | 0.84 | 0.84 | 0.84 | 0.84 | 0.84 | 0.84 |
| 33 | 1.01 | 1.01 | 1.01 | 0.96 | 0.96 | 0.96 | 0.96 | 0.91 | 0.91 | 0.91 | 0.91 | 0.91 | 0.91 | 0.91 | 0.91 |
| 34 | 1.12 | 1.12 | 1.12 | 1.03 | 1.03 | 1.03 | 1.03 | 0.95 | 0.95 | 0.95 | 0.95 | 0.95 | 0.95 | 0.95 | 0.95 |
| 35 | 1.24 | 1.24 | 1.24 | 1.10 | 1.10 | 1.10 | 1.01 | 1.01 | 1.01 | 1.01 | 1.01 | 1.01 | 1.01 | 1.01 | 1.01 |
| 36 | 1.34 | 1.34 | 1.19 | 1.19 | 1.19 | 1.19 | 1.06 | 1.06 | 1.06 | 1.06 | 1.06 | 1.06 | 1.06 | 1.06 | 1.06 |
| 37 | 1.44 | 1.44 | 1.44 | 1.25 | 1.25 | 1.25 | 1.25 | 1.13 | 1.13 | 1.13 | 1.13 | 1.13 | 1.13 | 1.13 | 1.13 |
| 38 | 1.54 | 1.54 | 1.54 | 1.34 | 1.34 | 1.34 | 1.34 | 1.19 | 1.19 | 1.19 | 1.19 | 1.19 | 1.19 | 1.19 | 1.19 |
| 39 | 1.64 | 1.64 | 1.64 | 1.42 | 1.42 | 1.42 | 1.42 | 1.42 | 1.42 | 1.42 | 1.42 | 1.42 | 1.42 | 1.42 | 1.42 |
| 40 | 1.74 | 1.74 | 1.74 | 1.51 | 1.51 | 1.51 | 1.51 | 1.32 | 1.32 | 1.32 | 1.32 | 1.32 | 1.32 | 1.32 | 1.32 |

# 附录Ⅱ　20℃时折射率(折光率)与可溶性固形物换算表

| 折光率 | 可溶性固形物/% | 折光率 | 可溶性固形物/% | 折光率 | 可溶性固形物/% | 折光率 | 可溶性固形物/% | 折光率 | 可溶性固形物/% | 折光率 | 可溶性固形物/% |
|---|---|---|---|---|---|---|---|---|---|---|---|
| 1.333 0 | 0.0 | 1.354 9 | 14.5 | 1.379 3 | 29.0 | 1.406 6 | 43.5 | 1.437 3 | 58.0 | 1.471 3 | 72.5 |
| 1.333 7 | 0.5 | 1.355 7 | 15.0 | 1.380 2 | 29.5 | 1.407 6 | 44.0 | 1.438 5 | 58.5 | 1.472 5 | 73.0 |
| 1.334 4 | 1.0 | 1.356 5 | 15.5 | 1.381 1 | 30.0 | 1.408 6 | 44.5 | 1.439 6 | 59.0 | 1.473 7 | 73.5 |
| 1.335 1 | 1.5 | 1.357 3 | 16.0 | 1.382 0 | 30.5 | 1.409 6 | 45.0 | 1.440 7 | 59.5 | 1.474 9 | 74.0 |
| 1.335 9 | 2.0 | 1.358 2 | 16.5 | 1.382 9 | 31.0 | 1.410 7 | 45.5 | 1.441 8 | 60.0 | 1.476 2 | 74.5 |
| 1.336 7 | 2.5 | 1.359 0 | 17.0 | 1.383 8 | 31.5 | 1.411 7 | 46.0 | 1.442 9 | 60.5 | 1.477 4 | 75.0 |
| 1.337 4 | 3.0 | 1.359 8 | 17.5 | 1.384 7 | 32.0 | 1.412 7 | 46.5 | 1.444 1 | 61.0 | 1.478 7 | 75.5 |
| 1.338 1 | 3.5 | 1.360 6 | 18.0 | 1.385 6 | 32.5 | 1.413 7 | 47.0 | 1.445 3 | 61.5 | 1.479 9 | 76.0 |
| 1.338 8 | 4.0 | 1.361 4 | 18.5 | 1.386 5 | 33.0 | 1.414 7 | 47.5 | 1.446 4 | 62.0 | 1.481 2 | 76.5 |
| 1.339 5 | 4.5 | 1.362 2 | 19.0 | 1.387 4 | 33.5 | 1.415 8 | 48.0 | 1.447 5 | 62.5 | 1.482 5 | 77.0 |
| 1.340 3 | 5.0 | 1.363 1 | 19.5 | 1.388 3 | 34.0 | 1.416 9 | 48.5 | 1.448 6 | 63.0 | 1.483 8 | 77.5 |
| 1.341 1 | 5.5 | 1.363 9 | 20.0 | 1.389 3 | 34.5 | 1.417 9 | 49.0 | 1.449 7 | 63.5 | 1.485 0 | 78.0 |
| 1.341 8 | 6.0 | 1.364 7 | 20.5 | 1.390 2 | 35.0 | 1.418 9 | 49.5 | 1.450 9 | 64.0 | 1.486 3 | 78.5 |
| 1.342 5 | 6.5 | 1.365 5 | 21.0 | 1.391 1 | 35.5 | 1.420 0 | 50.0 | 1.452 1 | 64.5 | 1.487 6 | 79.0 |
| 1.343 3 | 7.0 | 1.366 3 | 21.5 | 1.392 0 | 36.0 | 1.421 1 | 50.5 | 1.453 2 | 65.0 | 1.488 8 | 79.5 |
| 1.344 1 | 7.5 | 1.367 2 | 22.0 | 1.392 9 | 36.5 | 1.422 1 | 51.0 | 1.454 4 | 65.5 | 1.490 1 | 80.0 |
| 1.344 8 | 8.0 | 1.368 1 | 22.5 | 1.393 9 | 37.0 | 1.423 1 | 51.5 | 1.455 5 | 66.0 | 1.191 4 | 80.5 |
| 1.345 6 | 8.5 | 1.368 9 | 23.0 | 1.394 9 | 37.5 | 1.424 2 | 52.0 | 1.457 0 | 66.5 | 1.492 7 | 81.0 |
| 1.346 4 | 9.0 | 1.369 8 | 23.5 | 1.395 8 | 38.0 | 1.425 3 | 52.5 | 1.458 1 | 67.0 | 1.494 7 | 81.5 |
| 1.347 1 | 9.5 | 1.370 6 | 24.0 | 1.396 8 | 38.5 | 1.426 4 | 53.0 | 1.459 3 | 67.5 | 1.495 4 | 82.0 |
| 1.347 9 | 10.0 | 1.371 5 | 24.5 | 1.397 8 | 39.0 | 1.427 5 | 53.5 | 1.460 5 | 68.0 | 1.496 7 | 82.5 |
| 1.348 7 | 10.5 | 1.372 3 | 25.0 | 1.398 7 | 39.5 | 1.428 5 | 54.0 | 1.461 6 | 68.5 | 1.498 0 | 83.0 |
| 1.349 4 | 11.0 | 1.373 1 | 25.5 | 1.399 7 | 40.0 | 1.429 6 | 54.5 | 1.462 8 | 69.0 | 1.499 3 | 83.5 |
| 1.350 2 | 11.5 | 1.374 0 | 26.0 | 1.400 7 | 40.5 | 1.430 7 | 55.0 | 1.463 9 | 69.5 | 1.500 7 | 84.0 |
| 1.351 0 | 12.0 | 1.374 9 | 26.5 | 1.401 6 | 41.0 | 1.431 8 | 55.5 | 1.465 1 | 70.0 | 1.502 0 | 84.5 |
| 1.351 8 | 12.5 | 1.375 8 | 27.0 | 1.402 6 | 41.5 | 1.432 9 | 56.0 | 1.466 3 | 70.5 | 1.503 3 | 85.0 |
| 1.352 6 | 13.0 | 1.376 7 | 27.5 | 1.403 6 | 42.0 | 1.434 0 | 56.5 | 1.467 6 | 71.0 | | |
| 1.353 3 | 13.5 | 1.377 5 | 28.0 | 1.404 6 | 42.5 | 1.435 1 | 57.0 | 1.468 8 | 71.5 | | |
| 1.354 1 | 14.0 | 1.378 4 | 28.5 | 1.405 6 | 43.0 | 1.436 2 | 57.5 | 1.470 0 | 72.0 | | |

# 附录Ⅲ　乳糖因素表

| 糖液滴定量/ml | 10 ml 费林氏试液 | | | | 25 ml 费林氏试液 | | | |
|---|---|---|---|---|---|---|---|---|
| | 水合乳糖 $C_{12}H_{22}O_{11}\cdot H_2O$ | | 水合乳糖 $C_{12}H_{22}O_{11}$ | | 水合乳糖 $C_{12}H_{22}O_{11}\cdot H_2O$ | | 水合乳糖 $C_{12}H_{22}O_{11}$ | |
| | 因数* | 每 100 毫升糖液含乳糖毫克数 | 因数* | 每 100 毫升糖液含乳糖毫克数 | 因数** | 每 100 毫升糖液含乳糖毫克数 | 因数** | 每 100 毫升糖液含乳糖毫克数 |
| 15 | 68.3 | 455 | 64.9 | 432 | 172.5 | 1 150 | 163.9 | 1 093 |
| 16 | 68.2 | 426 | 64.8 | 405 | 172.1 | 1 076 | 163.5 | 1 022 |
| 17 | 68.2 | 401 | 64.8 | 381 | 171.7 | 1 010 | 163.1 | 960 |
| 18 | 68.1 | 378 | 64.7 | 359 | 171.4 | 952 | 162.8 | 906 |
| 19 | 68.1 | 358 | 64.7 | 340 | 171.1 | 900 | 162.5 | 855 |
| 20 | 68.0 | 340.0 | 64.6 | 323.0 | 170.9 | 854.5 | 162.3 | 811.8 |
| 21 | 68.0 | 323.8 | 64.6 | 307.6 | 170.6 | 812.4 | 162.0 | 772.3 |
| 22 | 68.0 | 309.1 | 64.6 | 293.6 | 170.4 | 774.5 | 161.8 | 735.8 |
| 23 | 68.9 | 295.4 | 65.5 | 280.6 | 170.2 | 740.0 | 161.6 | 703.0 |
| 24 | 68.9 | 282.9 | 65.5 | 268.8 | 170.0 | 708.5 | 161.5 | 763.1 |
| 25 | 68.9 | 271.6 | 65.5 | 258.0 | 169.9 | 679.5 | 161.4 | 645.5 |
| 26 | 68.9 | 261.0 | 65.5 | 248.0 | 169.7 | 652.7 | 161.2 | 620.1 |
| 27 | 68.8 | 251.1 | 65.4 | 238.5 | 169.5 | 627.9 | 161.0 | 596.5 |
| 28 | 68.8 | 242.1 | 65.4 | 230.0 | 169.3 | 604.8 | 160.8 | 574.6 |
| 29 | 67.9 | 233.8 | 64.4 | 222.2 | 169.2 | 583.3 | 160.7 | 554.1 |
| 30 | 67.9 | 226.0 | 64.4 | 214.7 | 169.0 | 563.3 | 160.6 | 535.1 |
| 31 | 67.9 | 218.7 | 64.4 | 207.8 | 168.9 | 544.8 | 160.5 | 517.6 |
| 32 | 67.9 | 211.9 | 64.4 | 201.3 | 168.8 | 527.4 | 160.4 | 501.0 |
| 33 | 67.9 | 205.6 | 64.4 | 195.3 | 168.6 | 511.0 | 160.2 | 435.5 |
| 34 | 67.9 | 199.7 | 64.5 | 189.7 | 168.5 | 495.6 | 160.1 | 470.8 |
| 35 | 67.9 | 194.0 | 64.5 | 184.3 | 168.4 | 481.1 | 160.0 | 457.0 |
| 36 | 67.9 | 188.6 | 64.5 | 179.2 | 168.2 | 467.3 | 159.8 | 443.9 |
| 37 | 67.9 | 193.5 | 64.5 | 174.3 | 168.1 | 454.3 | 159.7 | 431.6 |
| 38 | 67.9 | 178.7 | 64.5 | 169.8 | 168.0 | 442.1 | 159.6 | 420.0 |
| 39 | 67.9 | 174.1 | 64.5 | 165.4 | 167.9 | 430.5 | 159.5 | 409.0 |
| 40 | 67.9 | 169.7 | 64.5 | 161.2 | 167.8 | 419.5 | 159.4 | 398.5 |
| 41 | 68.0 | 165.9 | 64.6 | 157.6 | 167.7 | 409.0 | 159.3 | 388.6 |
| 42 | 68.0 | 161.9 | 64.6 | 153.8 | 167.6 | 399.1 | 159.2 | 379.1 |
| 43 | 68.0 | 158.1 | 64.6 | 150.2 | 167.6 | 389.7 | 159.2 | 370.2 |
| 44 | 68.0 | 154.7 | 64.6 | 147.0 | 167.5 | 380.7 | 159.1 | 361.7 |
| 45 | 68.1 | 151.3 | 64.7 | 143.7 | 167.4 | 372.1 | 159.0 | 353.5 |
| 46 | 68.1 | 148.0 | 64.7 | 140.6 | 167.4 | 363.9 | 159.0 | 345.7 |
| 47 | 68.2 | 145.1 | 64.8 | 137.8 | 167.3 | 356.0 | 158.9 | 338.2 |
| 48 | 68.2 | 142.1 | 64.8 | 135.0 | 167.2 | 348.3 | 158.8 | 330.9 |
| 49 | 68.2 | 139.2 | 64.8 | 132.2 | 167.2 | 341.0 | 158.8 | 324.0 |
| 50 | 68.3 | 136.6 | 64.9 | 129.8 | 167.1 | 334.2 | 158.7 | 317.5 |

* 10 毫升费林氏试液相当的乳糖毫克数。

** 25 毫升费林氏试液相当的乳糖毫克数。

# 附录Ⅳ　葡萄糖因素表

| 糖液滴定量/ml | 费林试液 10 ml | | 糖液滴定量/ml | 费林试液 10 ml | |
|---|---|---|---|---|---|
| | 葡萄糖因素 | 每 100 ml 糖液含葡萄糖毫克数 | | 葡萄糖因素 | 每 100 ml 糖液含葡萄糖毫克数 |
| 15 | 49.1 | 327 | 33 | 50.3 | 152.4 |
| 16 | 49.2 | 307 | 34 | 50.3 | 148.0 |
| 17 | 49.3 | 289 | 35 | 50.4 | 143.9 |
| 18 | 49.3 | 274 | 36 | 50.4 | 140.0 |
| 19 | 49.4 | 260 | 37 | 50.5 | 136.4 |
| 20 | 49.5 | 247.4 | 38 | 50.5 | 132.9 |
| 21 | 49.5 | 235.8 | 39 | 50.6 | 129.6 |
| 22 | 49.6 | 225.5 | 40 | 50.6 | 126.5 |
| 23 | 49.7 | 216.1 | 41 | 50.7 | 123.6 |
| 24 | 49.8 | 207.4 | 42 | 50.7 | 120.8 |
| 25 | 49.8 | 199.3 | 43 | 50.8 | 118.1 |
| 26 | 49.9 | 191.8 | 44 | 50.8 | 115.5 |
| 27 | 49.9 | 184.9 | 45 | 50.9 | 113.0 |
| 28 | 50.0 | 178.5 | 46 | 50.9 | 110.6 |
| 29 | 50.0 | 172.5 | 47 | 51.0 | 108.4 |
| 30 | 50.1 | 167.0 | 48 | 51.0 | 106.2 |
| 31 | 50.2 | 161.8 | 49 | 51.0 | 104.1 |
| 32 | 50.2 | 156.9 | 50 | 51.1 | 102.2 |

# 附录Ⅴ　相当于氧化亚铜质量的葡萄糖、果糖、乳糖、转化糖的质量表

（单位：mg）

| 氧化亚铜 | 葡萄糖 | 果糖 | 乳糖（含水） | 转化糖 | 氧化亚铜 | 葡萄糖 | 果糖 | 乳糖（含水） | 转化糖 |
|---|---|---|---|---|---|---|---|---|---|
| 11.3 | 4.6 | 5.1 | 7.7 | 5.2 | 25.9 | 10.9 | 12.0 | 17.7 | 11.7 |
| 12.4 | 5.1 | 5.6 | 8.5 | 5.7 | 27.0 | 11.4 | 12.5 | 18.4 | 12.3 |
| 13.5 | 5.6 | 6.1 | 9.3 | 6.2 | 28.1 | 11.9 | 13.1 | 19.2 | 12.8 |
| 14.6 | 6.0 | 6.7 | 10.0 | 6.7 | 29.3 | 12.3 | 13.6 | 19.9 | 13.3 |
| 15.8 | 6.5 | 7.2 | 10.8 | 7.2 | 30.4 | 12.8 | 14.2 | 20.7 | 13.8 |
| 16.9 | 7.0 | 7.7 | 11.5 | 7.7 | 31.5 | 13.3 | 14.7 | 21.5 | 14.3 |
| 18.0 | 7.5 | 8.3 | 12.3 | 8.2 | 32.6 | 13.8 | 15.2 | 22.2 | 14.8 |
| 19.1 | 8.0 | 8.8 | 13.1 | 8.7 | 33.8 | 14.3 | 15.8 | 23.0 | 15.3 |
| 20.3 | 8.5 | 9.3 | 13.8 | 9.2 | 34.9 | 14.8 | 16.3 | 23.8 | 15.8 |
| 21.4 | 8.9 | 9.9 | 14.6 | 9.7 | 36.0 | 15.3 | 16.8 | 24.5 | 16.3 |
| 22.5 | 9.4 | 10.4 | 15.4 | 10.2 | 37.2 | 15.7 | 17.4 | 25.3 | 16.8 |
| 23.6 | 9.9 | 10.9 | 16.1 | 10.7 | 38.3 | 16.2 | 17.9 | 26.1 | 17.3 |
| 24.8 | 10.4 | 11.5 | 16.9 | 11.2 | 29.4 | 16.7 | 18.4 | 26.8 | 17.8 |

续 表

| 氧化亚铜 | 葡萄糖 | 果糖 | 乳糖（含水） | 转化糖 | 氧化亚铜 | 葡萄糖 | 果糖 | 乳糖（含水） | 转化糖 |
|---|---|---|---|---|---|---|---|---|---|
| 40.5 | 17.2 | 19.0 | 27.6 | 18.3 | 87.8 | 38.0 | 41.7 | 59.8 | 40.0 |
| 41.7 | 17.7 | 19.5 | 28.4 | 18.9 | 88.9 | 38.5 | 42.3 | 60.5 | 40.5 |
| 42.8 | 18.2 | 20.1 | 29.1 | 19.4 | 90.1 | 39.0 | 42.8 | 61.3 | 41.0 |
| 43.9 | 18.7 | 20.6 | 29.9 | 19.9 | 91.2 | 39.5 | 43.4 | 62.1 | 41.5 |
| 45.0 | 19.2 | 21.1 | 30.6 | 20.4 | 92.3 | 40.0 | 43.9 | 62.8 | 42.0 |
| 46.2 | 19.7 | 21.7 | 31.4 | 20.9 | 93.4 | 40.5 | 44.5 | 63.6 | 42.6 |
| 47.3 | 20.1 | 22.2 | 32.2 | 21.4 | 94.6 | 41.0 | 45.0 | 64.4 | 43.1 |
| 48.4 | 20.6 | 22.8 | 32.9 | 21.9 | 95.7 | 41.5 | 45.6 | 65.1 | 43.6 |
| 49.5 | 21.1 | 23.3 | 33.7 | 22.4 | 96.8 | 42.0 | 46.1 | 65.9 | 44.1 |
| 50.7 | 21.6 | 23.8 | 34.5 | 22.9 | 97.9 | 42.5 | 46.7 | 66.7 | 44.7 |
| 51.8 | 22.1 | 24.4 | 35.2 | 23.5 | 99.1 | 43.0 | 47.2 | 67.4 | 45.2 |
| 52.9 | 22.6 | 24.9 | 36.0 | 24.0 | 100.2 | 43.5 | 47.8 | 68.2 | 45.7 |
| 54.0 | 23.1 | 25.4 | 36.8 | 24.5 | 101.3 | 44.0 | 48.3 | 69.0 | 46.2 |
| 55.2 | 23.6 | 26.0 | 37.5 | 25.0 | 102.5 | 44.5 | 48.9 | 69.7 | 46.7 |
| 56.3 | 24.1 | 26.5 | 38.3 | 25.5 | 103.6 | 45.0 | 49.4 | 70.5 | 47.3 |
| 57.4 | 24.6 | 27.1 | 39.1 | 26.0 | 104.7 | 45.5 | 50.0 | 71.3 | 47.8 |
| 58.5 | 25.1 | 27.6 | 39.8 | 26.5 | 105.8 | 46.0 | 50.5 | 72.1 | 48.3 |
| 59.7 | 25.6 | 28.2 | 40.6 | 27.0 | 107.0 | 46.5 | 51.1 | 72.8 | 48.8 |
| 60.8 | 26.1 | 28.7 | 41.4 | 27.6 | 108.1 | 47.0 | 51.6 | 73.6 | 49.4 |
| 61.9 | 26.5 | 29.2 | 42.1 | 28.1 | 109.2 | 47.5 | 52.2 | 74.4 | 49.9 |
| 63.0 | 27.0 | 29.8 | 42.9 | 28.6 | 110.3 | 48.0 | 52.7 | 75.1 | 50.4 |
| 64.2 | 27.5 | 30.3 | 43.7 | 29.1 | 111.5 | 48.5 | 53.3 | 75.9 | 50.9 |
| 65.3 | 28.0 | 30.9 | 44.4 | 29.6 | 112.6 | 49.0 | 53.8 | 76.7 | 51.5 |
| 66.4 | 28.5 | 31.4 | 45.2 | 30.1 | 113.7 | 49.5 | 54.4 | 77.4 | 52.0 |
| 67.6 | 29.0 | 31.9 | 46.0 | 30.6 | 114.8 | 50.0 | 54.9 | 78.2 | 52.5 |
| 68.7 | 29.5 | 32.5 | 46.7 | 31.2 | 116.0 | 50.5 | 55.5 | 79.0 | 53.0 |
| 69.8 | 30.0 | 33.0 | 47.5 | 31.7 | 117.1 | 51.1 | 56.0 | 79.7 | 53.6 |
| 70.9 | 30.5 | 33.6 | 48.3 | 32.2 | 118.2 | 51.6 | 56.6 | 80.5 | 54.1 |
| 72.1 | 31.0 | 34.1 | 49.0 | 32.7 | 119.3 | 52.1 | 57.1 | 81.3 | 54.6 |
| 73.2 | 31.5 | 34.7 | 49.8 | 33.2 | 120.5 | 52.6 | 57.7 | 82.1 | 55.2 |
| 74.3 | 32.0 | 35.2 | 50.6 | 33.7 | 121.6 | 53.1 | 58.2 | 82.8 | 55.7 |
| 75.4 | 32.5 | 35.8 | 51.3 | 34.3 | 122.7 | 53.6 | 58.8 | 83.6 | 56.2 |
| 76.6 | 33.0 | 36.3 | 52.1 | 34.8 | 123.8 | 54.1 | 59.3 | 84.4 | 56.7 |
| 77.7 | 33.5 | 36.8 | 52.9 | 35.3 | 125.0 | 54.6 | 59.9 | 85.1 | 57.3 |
| 78.8 | 34.0 | 37.4 | 53.6 | 35.8 | 126.1 | 55.1 | 60.4 | 85.9 | 57.8 |
| 79.9 | 34.5 | 37.9 | 54.4 | 36.3 | 127.2 | 55.6 | 61.0 | 86.7 | 58.3 |
| 81.1 | 35.0 | 38.5 | 55.2 | 36.8 | 128.3 | 55.1 | 61.6 | 87.4 | 58.9 |
| 82.2 | 35.5 | 39.0 | 55.9 | 37.4 | 129.5 | 56.7 | 62.1 | 88.2 | 59.4 |
| 83.3 | 36.0 | 39.6 | 56.7 | 37.9 | 130.6 | 57.2 | 62.7 | 89.0 | 59.9 |
| 84.4 | 36.5 | 40.1 | 57.5 | 38.4 | 131.7 | 57.7 | 63.2 | 89.8 | 60.4 |
| 85.6 | 37.0 | 40.7 | 58.2 | 38.9 | 132.8 | 58.2 | 63.8 | 90.5 | 61.0 |
| 86.7 | 37.5 | 41.2 | 59.0 | 39.4 | 134.0 | 58.7 | 64.3 | 91.3 | 61.5 |

**续　表**

| 氧化亚铜 | 葡萄糖 | 果糖 | 乳糖（含水） | 转化糖 | 氧化亚铜 | 葡萄糖 | 果糖 | 乳糖（含水） | 转化糖 |
|---|---|---|---|---|---|---|---|---|---|
| 135.1 | 59.3 | 64.9 | 92.1 | 62.0 | 182.4 | 81.0 | 88.4 | 124.5 | 84.6 |
| 136.2 | 59.7 | 65.4 | 92.8 | 62.6 | 183.5 | 81.5 | 89.0 | 125.3 | 85.1 |
| 137.4 | 60.2 | 66.0 | 93.6 | 63.1 | 184.5 | 82.0 | 89.5 | 126.0 | 85.7 |
| 138.5 | 60.7 | 66.5 | 94.4 | 63.6 | 185.8 | 82.5 | 90.1 | 126.8 | 86.2 |
| 139.6 | 61.3 | 67.1 | 95.2 | 64.2 | 186.9 | 83.1 | 90.6 | 127.6 | 86.8 |
| 140.7 | 61.8 | 67.7 | 95.9 | 64.7 | 188.0 | 83.6 | 91.2 | 128.4 | 87.3 |
| 141.9 | 62.3 | 68.2 | 96.7 | 65.2 | 189.1 | 84.1 | 91.8 | 129.1 | 87.8 |
| 143.0 | 62.8 | 68.8 | 97.5 | 65.8 | 190.3 | 84.6 | 92.3 | 129.9 | 88.4 |
| 144.1 | 63.3 | 69.3 | 98.2 | 66.3 | 191.4 | 85.2 | 92.9 | 130.7 | 88.9 |
| 145.2 | 63.8 | 69.9 | 99.0 | 66.8 | 192.5 | 85.7 | 93.5 | 131.5 | 89.5 |
| 146.4 | 64.3 | 70.4 | 99.8 | 67.4 | 193.6 | 86.2 | 94.0 | 132.2 | 90.0 |
| 147.5 | 64.9 | 71.0 | 100.5 | 67.9 | 194.8 | 86.7 | 94.6 | 133.0 | 90.6 |
| 148.6 | 65.4 | 71.6 | 101.3 | 68.4 | 195.9 | 87.3 | 95.2 | 133.8 | 91.1 |
| 149.7 | 65.9 | 72.1 | 102.1 | 69.0 | 197.0 | 87.8 | 95.7 | 134.6 | 91.7 |
| 150.9 | 66.4 | 72.7 | 102.9 | 69.5 | 198.1 | 88.3 | 96.3 | 135.3 | 92.2 |
| 152.0 | 66.9 | 73.2 | 103.6 | 70.0 | 199.3 | 88.9 | 96.9 | 136.1 | 92.8 |
| 153.1 | 67.4 | 73.8 | 104.4 | 70.6 | 200.4 | 89.4 | 97.4 | 136.9 | 93.3 |
| 154.2 | 68.0 | 74.3 | 105.2 | 71.1 | 201.5 | 89.9 | 98.0 | 137.7 | 93.8 |
| 155.4 | 68.5 | 74.9 | 106.0 | 71.6 | 202.7 | 90.4 | 98.6 | 138.4 | 94.4 |
| 156.5 | 69.0 | 75.5 | 106.7 | 72.2 | 203.8 | 91.0 | 99.2 | 139.2 | 94.9 |
| 157.6 | 69.5 | 76.0 | 107.5 | 72.7 | 204.9 | 91.5 | 99.7 | 140.0 | 95.5 |
| 158.7 | 70.0 | 76.6 | 108.3 | 73.2 | 206.0 | 92.0 | 100.3 | 140.8 | 96.0 |
| 159.9 | 70.5 | 77.1 | 109.0 | 73.8 | 207.2 | 92.6 | 100.9 | 141.5 | 96.6 |
| 161.0 | 71.1 | 77.7 | 109.8 | 74.3 | 208.3 | 93.1 | 101.4 | 142.3 | 97.1 |
| 162.1 | 71.6 | 78.3 | 110.6 | 74.9 | 209.4 | 93.6 | 102.0 | 143.1 | 97.7 |
| 163.2 | 72.1 | 78.8 | 111.4 | 75.4 | 210.5 | 94.2 | 102.6 | 143.9 | 98.2 |
| 164.4 | 72.6 | 79.4 | 112.1 | 75.9 | 211.7 | 94.7 | 103.1 | 144.6 | 98.8 |
| 165.5 | 73.1 | 80.0 | 112.0 | 76.5 | 212.8 | 95.2 | 103.7 | 145.4 | 99.3 |
| 166.6 | 73.7 | 80.5 | 113.7 | 77.0 | 213.9 | 95.7 | 104.3 | 146.2 | 99.9 |
| 167.8 | 74.2 | 81.1 | 114.4 | 77.6 | 215.0 | 96.3 | 104.8 | 147.0 | 100.4 |
| 168.9 | 74.7 | 81.6 | 115.2 | 78.1 | 216.2 | 96.8 | 105.4 | 147.7 | 101.0 |
| 170.0 | 75.2 | 82.2 | 116.0 | 78.6 | 217.3 | 97.3 | 106.0 | 148.5 | 101.5 |
| 171.1 | 75.7 | 82.8 | 116.8 | 79.2 | 218.4 | 97.9 | 106.6 | 149.3 | 102.1 |
| 172.3 | 76.3 | 83.3 | 117.5 | 79.7 | 219.5 | 98.4 | 107.1 | 150.1 | 102.6 |
| 173.4 | 76.8 | 83.9 | 118.3 | 80.3 | 220.7 | 98.9 | 107.7 | 150.8 | 103.2 |
| 174.5 | 77.3 | 84.4 | 119.1 | 80.8 | 221.8 | 99.5 | 108.3 | 151.6 | 103.7 |
| 175.6 | 77.8 | 85.0 | 119.9 | 81.3 | 222.9 | 100.0 | 108.8 | 152.4 | 104.3 |
| 176.8 | 78.3 | 85.6 | 120.6 | 81.9 | 224.0 | 100.5 | 109.4 | 153.2 | 104.8 |
| 177.9 | 78.9 | 86.1 | 121.4 | 82.4 | 225.2 | 101.1 | 110.0 | 153.9 | 105.4 |
| 179.0 | 79.4 | 86.7 | 122.2 | 83.0 | 226.3 | 101.6 | 110.6 | 154.7 | 106.0 |
| 180.1 | 79.9 | 87.3 | 122.9 | 83.5 | 227.4 | 102.2 | 111.1 | 155.5 | 106.5 |
| 181.3 | 80.4 | 87.8 | 123.7 | 84.0 | 228.5 | 102.7 | 111.7 | 156.3 | 107.1 |

续　表

| 氧化亚铜 | 葡萄糖 | 果糖 | 乳糖（含水） | 转化糖 | 氧化亚铜 | 葡萄糖 | 果糖 | 乳糖（含水） | 转化糖 |
|---|---|---|---|---|---|---|---|---|---|
| 229.7 | 103.2 | 112.3 | 157.0 | 107.6 | 277.0 | 126.0 | 136.6 | 189.7 | 131.2 |
| 230.8 | 103.8 | 112.9 | 157.3 | 108.2 | 278.1 | 126.6 | 137.2 | 190.5 | 131.7 |
| 213.9 | 104.3 | 113.4 | 158.6 | 108.7 | 279.2 | 127.1 | 137.7 | 191.3 | 132.3 |
| 233.1 | 104.8 | 114.0 | 159.4 | 109.3 | 280.3 | 127.7 | 138.3 | 192.1 | 132.9 |
| 234.2 | 105.4 | 114.6 | 160.2 | 109.8 | 281.5 | 128.2 | 138.9 | 192.9 | 133.4 |
| 235.3 | 105.9 | 115.2 | 160.9 | 110.4 | 282.6 | 128.8 | 139.5 | 193.6 | 134.0 |
| 236.4 | 106.5 | 115.7 | 161.7 | 110.9 | 283.7 | 129.3 | 140.1 | 194.4 | 134.6 |
| 237.6 | 107.0 | 116.3 | 162.5 | 111.5 | 284.8 | 129.9 | 140.7 | 195.2 | 135.1 |
| 238.7 | 107.5 | 116.9 | 163.3 | 112.1 | 286.0 | 130.4 | 141.3 | 196.0 | 135.7 |
| 239.8 | 108.1 | 117.5 | 164.0 | 112.6 | 287.1 | 131.0 | 141.8 | 196.8 | 136.3 |
| 240.9 | 108.6 | 118.0 | 164.8 | 113.2 | 288.2 | 131.6 | 142.4 | 197.5 | 136.8 |
| 242.1 | 109.2 | 118.6 | 165.6 | 113.7 | 289.3 | 132.1 | 143.0 | 198.3 | 137.4 |
| 243.1 | 109.7 | 119.2 | 155.4 | 114.3 | 290.5 | 132.7 | 143.6 | 199.1 | 138.0 |
| 244.3 | 110.2 | 119.8 | 167.1 | 114.9 | 291.6 | 133.2 | 144.2 | 199.9 | 138.5 |
| 245.4 | 110.8 | 120.3 | 167.9 | 115.4 | 292.7 | 133.8 | 144.8 | 200.7 | 139.1 |
| 246.6 | 111.3 | 120.9 | 168.7 | 116.0 | 293.8 | 134.3 | 145.4 | 201.4 | 139.7 |
| 247.7 | 111.9 | 121.5 | 169.5 | 116.5 | 295.0 | 134.9 | 145.9 | 202.2 | 140.3 |
| 248.8 | 112.4 | 122.1 | 170.3 | 117.1 | 296.1 | 135.4 | 146.5 | 203.0 | 140.8 |
| 249.9 | 112.9 | 122.6 | 171.0 | 117.6 | 297.2 | 136.0 | 147.1 | 203.8 | 141.4 |
| 251.1 | 113.5 | 123.2 | 171.8 | 118.2 | 298.3 | 136.5 | 147.7 | 204.6 | 142.0 |
| 252.2 | 114.0 | 123.8 | 172.6 | 118.8 | 299.5 | 137.1 | 148.3 | 205.3 | 142.6 |
| 253.3 | 114.6 | 124.4 | 173.4 | 119.3 | 300.6 | 137.7 | 148.9 | 206.1 | 143.1 |
| 254.4 | 115.1 | 125.0 | 174.2 | 119.9 | 301.7 | 138.2 | 149.5 | 206.9 | 143.7 |
| 255.6 | 115.7 | 125.5 | 174.9 | 120.4 | 302.9 | 138.8 | 150.1 | 207.7 | 144.3 |
| 256.7 | 116.2 | 126.1 | 175.7 | 121.0 | 304.0 | 139.3 | 150.6 | 208.5 | 144.8 |
| 257.8 | 116.7 | 126.7 | 176.5 | 121.6 | 305.1 | 139.9 | 151.2 | 209.2 | 145.4 |
| 258.9 | 117.3 | 127.3 | 177.3 | 122.1 | 306.2 | 140.4 | 151.8 | 210.0 | 146.0 |
| 260.1 | 117.8 | 127.9 | 178.1 | 122.7 | 307.4 | 141.0 | 152.4 | 210.6 | 146.6 |
| 261.2 | 118.4 | 128.4 | 178.8 | 123.3 | 308.5 | 141.6 | 153.0 | 211.6 | 147.1 |
| 262.3 | 118.9 | 129.0 | 179.6 | 123.8 | 309.6 | 142.1 | 153.6 | 212.4 | 147.7 |
| 263.4 | 119.5 | 129.6 | 180.4 | 124.4 | 310.7 | 142.7 | 154.2 | 213.2 | 148.3 |
| 264.6 | 120.0 | 130.2 | 181.2 | 124.9 | 311.9 | 143.2 | 154.8 | 214.0 | 148.9 |
| 265.7 | 120.6 | 130.8 | 181.9 | 125.5 | 313.0 | 143.8 | 155.4 | 214.7 | 149.4 |
| 266.8 | 121.1 | 131.3 | 182.7 | 126.1 | 314.1 | 144.4 | 156.0 | 215.5 | 150.0 |
| 268.0 | 121.7 | 131.9 | 183.5 | 126.6 | 315.2 | 144.9 | 156.5 | 216.3 | 150.6 |
| 269.1 | 122.2 | 132.5 | 184.3 | 127.2 | 316.4 | 145.5 | 157.1 | 217.1 | 151.2 |
| 270.2 | 122.7 | 133.1 | 185.1 | 127.8 | 317.5 | 146.0 | 157.7 | 217.9 | 151.8 |
| 271.3 | 123.3 | 133.7 | 185.8 | 128.3 | 318.6 | 146.6 | 158.3 | 218.7 | 152.3 |
| 272.5 | 123.8 | 134.2 | 186.6 | 128.9 | 319.7 | 147.2 | 158.9 | 219.4 | 152.9 |
| 273.6 | 124.4 | 134.8 | 187.4 | 129.5 | 320.9 | 147.7 | 159.5 | 220.2 | 153.5 |
| 274.7 | 124.9 | 135.4 | 188.2 | 130.0 | 322.0 | 148.3 | 160.1 | 221.0 | 154.1 |
| 275.8 | 125.5 | 136.0 | 189.0 | 130.6 | 323.1 | 148.8 | 160.7 | 221.8 | 154.6 |

续　表

| 氧化亚铜 | 葡萄糖 | 果糖 | 乳糖（含水） | 转化糖 | 氧化亚铜 | 葡萄糖 | 果糖 | 乳糖（含水） | 转化糖 |
|---|---|---|---|---|---|---|---|---|---|
| 324.2 | 149.4 | 161.3 | 222.6 | 155.2 | 371.5 | 173.4 | 186.4 | 255.5 | 179.8 |
| 325.4 | 150.0 | 161.9 | 223.3 | 155.8 | 372.7 | 173.9 | 187.0 | 256.3 | 180.4 |
| 326.5 | 150.5 | 162.5 | 224.1 | 156.4 | 373.8 | 174.5 | 187.6 | 257.1 | 181.0 |
| 327.6 | 151.1 | 163.1 | 224.9 | 157.0 | 374.9 | 175.1 | 188.2 | 257.9 | 181.5 |
| 328.7 | 151.7 | 163.7 | 225.7 | 157.5 | 376.0 | 175.7 | 188.8 | 258.7 | 182.2 |
| 329.9 | 152.2 | 164.3 | 226.5 | 158.1 | 377.2 | 176.3 | 189.4 | 259.4 | 182.8 |
| 331.0 | 152.8 | 164.9 | 227.3 | 158.7 | 378.3 | 176.8 | 190.1 | 260.2 | 183.4 |
| 332.1 | 153.4 | 165.4 | 228.0 | 159.3 | 379.4 | 177.4 | 190.7 | 261.0 | 184.0 |
| 333.3 | 153.9 | 166.0 | 228.8 | 159.9 | 380.5 | 178.0 | 191.3 | 261.8 | 184.5 |
| 334.4 | 154.5 | 166.6 | 229.5 | 160.5 | 381.7 | 178.6 | 191.9 | 262.6 | 185.2 |
| 335.5 | 155.1 | 167.2 | 230.4 | 161.0 | 382.8 | 179.2 | 192.5 | 263.4 | 185.8 |
| 336.6 | 155.6 | 167.8 | 231.2 | 161.6 | 383.9 | 179.7 | 193.1 | 264.2 | 186.4 |
| 337.8 | 156.2 | 168.4 | 232.0 | 162.2 | 385.0 | 180.3 | 193.7 | 265.0 | 187.0 |
| 338.9 | 156.8 | 169.0 | 232.7 | 162.8 | 386.2 | 180.9 | 194.3 | 265.8 | 187.6 |
| 340.0 | 157.3 | 169.6 | 233.5 | 163.4 | 387.3 | 181.5 | 194.9 | 266.6 | 188.2 |
| 341.1 | 157.9 | 170.2 | 234.3 | 164.0 | 388.4 | 182.1 | 195.5 | 267.4 | 188.8 |
| 342.3 | 158.5 | 170.8 | 235.1 | 164.5 | 389.5 | 182.7 | 196.1 | 268.1 | 189.4 |
| 343.4 | 159.0 | 171.4 | 235.9 | 165.1 | 390.7 | 183.2 | 196.7 | 268.9 | 190.0 |
| 344.5 | 159.6 | 172.0 | 236.7 | 165.7 | 391.8 | 183.8 | 197.3 | 269.7 | 190.6 |
| 345.6 | 160.2 | 172.6 | 237.4 | 166.3 | 392.9 | 184.4 | 197.9 | 270.5 | 191.3 |
| 346.8 | 160.7 | 173.2 | 238.2 | 166.9 | 394.0 | 185.0 | 198.5 | 271.3 | 191.8 |
| 347.9 | 161.3 | 173.8 | 239.0 | 167.5 | 395.2 | 185.6 | 199.2 | 272.1 | 192.4 |
| 349.0 | 161.9 | 174.4 | 239.8 | 168.0 | 396.3 | 186.2 | 199.8 | 272.9 | 193.0 |
| 350.1 | 162.5 | 175.0 | 240.6 | 168.6 | 397.4 | 186.8 | 200.4 | 273.7 | 193.6 |
| 351.3 | 163.0 | 175.6 | 241.4 | 169.2 | 398.5 | 187.3 | 201.0 | 274.4 | 194.2 |
| 352.4 | 163.6 | 176.2 | 242.2 | 169.8 | 399.7 | 187.9 | 201.6 | 275.2 | 194.8 |
| 353.5 | 164.2 | 176.8 | 243.0 | 170.4 | 400.8 | 188.5 | 202.2 | 276.0 | 195.4 |
| 354.6 | 164.7 | 177.4 | 243.7 | 171.0 | 401.9 | 189.1 | 202.8 | 276.8 | 196.0 |
| 355.8 | 165.3 | 178.0 | 244.5 | 171.6 | 403.1 | 189.7 | 203.4 | 277.6 | 196.6 |
| 356.9 | 165.9 | 178.6 | 245.3 | 172.2 | 404.2 | 190.3 | 204.0 | 278.4 | 197.2 |
| 358.0 | 166.5 | 179.2 | 246.1 | 172.8 | 405.3 | 190.9 | 204.7 | 279.2 | 197.8 |
| 359.1 | 167.0 | 179.8 | 246.9 | 173.3 | 406.4 | 191.5 | 205.3 | 280.0 | 198.4 |
| 360.3 | 167.6 | 180.4 | 247.7 | 173.9 | 407.6 | 192.0 | 205.9 | 280.8 | 199.0 |
| 361.4 | 168.2 | 181.0 | 248.5 | 174.5 | 408.7 | 192.6 | 206.5 | 281.6 | 199.6 |
| 362.5 | 168.8 | 181.6 | 249.2 | 175.1 | 409.8 | 193.2 | 207.1 | 282.4 | 200.2 |
| 363.6 | 169.3 | 182.2 | 250.0 | 175.7 | 410.9 | 193.8 | 207.7 | 283.2 | 200.8 |
| 364.8 | 169.9 | 182.8 | 250.8 | 176.3 | 412.1 | 194.4 | 208.3 | 284.0 | 201.4 |
| 365.9 | 170.5 | 183.4 | 251.6 | 176.9 | 413.2 | 195.0 | 209.0 | 284.8 | 202.0 |
| 367.0 | 171.1 | 184.0 | 252.4 | 177.5 | 414.3 | 195.6 | 209.6 | 285.6 | 202.6 |
| 368.2 | 171.6 | 184.6 | 253.2 | 178.1 | 415.4 | 196.2 | 210.2 | 286.3 | 203.2 |
| 369.3 | 172.2 | 185.2 | 253.9 | 178.7 | 416.6 | 196.8 | 210.8 | 287.1 | 203.8 |
| 370.4 | 172.8 | 185.8 | 254.7 | 179.2 | 417.7 | 197.4 | 211.4 | 287.9 | 204.4 |

续 表

| 氧化亚铜 | 葡萄糖 | 果糖 | 乳糖（含水） | 转化糖 | 氧化亚铜 | 葡萄糖 | 果糖 | 乳糖（含水） | 转化糖 |
|---|---|---|---|---|---|---|---|---|---|
| 418.8 | 198.0 | 212.0 | 288.7 | 205.0 | 454.8 | 217.1 | 232.0 | 314.2 | 224.7 |
| 419.9 | 198.5 | 212.6 | 289.5 | 205.7 | 456.0 | 217.8 | 232.6 | 315.0 | 225.4 |
| 412.1 | 199.1 | 213.3 | 290.3 | 206.3 | 457.1 | 218.4 | 233.2 | 315.9 | 226.0 |
| 422.2 | 199.7 | 213.9 | 291.1 | 206.9 | 458.2 | 219.0 | 233.9 | 316.7 | 226.6 |
| 423.3 | 200.3 | 214.5 | 291.9 | 207.5 | 459.3 | 219.6 | 234.5 | 317.5 | 227.2 |
| 424.4 | 200.9 | 215.1 | 292.7 | 208.1 | 460.5 | 220.2 | 235.1 | 318.3 | 227.9 |
| 425.6 | 201.5 | 215.7 | 293.5 | 208.7 | 461.6 | 220.8 | 235.8 | 319.1 | 228.5 |
| 426.7 | 202.1 | 216.3 | 294.3 | 209.3 | 462.7 | 221.4 | 236.4 | 319.9 | 229.1 |
| 427.8 | 202.7 | 217.0 | 295.0 | 209.9 | 463.8 | 222.0 | 237.1 | 320.7 | 229.7 |
| 428.9 | 203.3 | 217.6 | 295.8 | 210.5 | 465.0 | 222.6 | 237.7 | 321.6 | 230.4 |
| 430.1 | 203.9 | 218.2 | 296.6 | 211.1 | 466.1 | 223.3 | 238.4 | 322.4 | 231.0 |
| 431.2 | 204.5 | 218.8 | 297.4 | 211.8 | 467.2 | 223.9 | 239.0 | 323.2 | 231.7 |
| 432.3 | 205.1 | 219.5 | 298.2 | 212.4 | 468.4 | 224.5 | 239.7 | 324.0 | 232.3 |
| 433.5 | 205.1 | 220.1 | 299.0 | 213.0 | 469.5 | 225.1 | 240.3 | 324.9 | 232.9 |
| 434.6 | 206.3 | 220.7 | 299.8 | 213.6 | 470.6 | 225.7 | 241.0 | 325.7 | 233.6 |
| 435.7 | 206.9 | 221.3 | 300.6 | 214.2 | 471.7 | 226.3 | 241.6 | 326.5 | 234.2 |
| 436.8 | 207.5 | 221.9 | 301.4 | 214.8 | 472.9 | 227.0 | 242.2 | 327.4 | 234.8 |
| 438.0 | 208.1 | 222.6 | 302.2 | 215.4 | 474.0 | 227.6 | 242.9 | 328.2 | 235.5 |
| 439.1 | 208.7 | 232.2 | 303.0 | 216.0 | 475.1 | 228.2 | 243.6 | 329.1 | 236.1 |
| 440.2 | 209.3 | 223.8 | 303.8 | 216.7 | 476.2 | 228.8 | 244.3 | 329.9 | 236.8 |
| 441.3 | 209.9 | 224.4 | 304.6 | 217.3 | 477.4 | 229.5 | 244.9 | 330.8 | 237.5 |
| 442.5 | 210.5 | 225.1 | 305.4 | 217.9 | 478.5 | 230.1 | 245.6 | 331.7 | 238.1 |
| 443.6 | 211.1 | 225.7 | 306.2 | 218.5 | 479.6 | 230.7 | 246.3 | 332.6 | 238.8 |
| 444.7 | 211.7 | 226.3 | 307.0 | 219.1 | 480.7 | 231.4 | 247.0 | 333.5 | 239.5 |
| 445.8 | 212.3 | 226.9 | 307.8 | 219.8 | 481.9 | 232.0 | 247.8 | 334.4 | 240.2 |
| 447.0 | 212.9 | 227.6 | 308.5 | 220.4 | 483.0 | 232.7 | 248.5 | 335.3 | 240.8 |
| 448.1 | 213.5 | 228.2 | 309.4 | 221.0 | 484.1 | 233.3 | 249.2 | 336.3 | 241.5 |
| 449.2 | 214.1 | 228.8 | 310.2 | 221.6 | 485.2 | 234.0 | 250.0 | 337.3 | 242.3 |
| 450.3 | 214.7 | 229.4 | 311.0 | 222.2 | 486.4 | 234.7 | 250.8 | 338.3 | 243.0 |
| 451.5 | 215.3 | 230.1 | 311.8 | 222.9 | 487.5 | 235.3 | 251.6 | 339.4 | 243.8 |
| 452.6 | 215.9 | 230.7 | 312.6 | 223.5 | 488.6 | 236.1 | 252.7 | 340.7 | 244.7 |
| 453.7 | 216.5 | 231.3 | 313.4 | 224.1 | 489.7 | 236.9 | 253.7 | 342.0 | 245.8 |

# 参考文献

大连轻工业学院等. 1994. 食品分析. 北京：中国轻工业出版社
王永华. 2011. 食品分析. 第二版. 北京：中国轻工业出版社
吴谋成. 2002. 食品分析与感观评定. 北京：中国农业出版社
张水华. 2005. 食品分析实验. 北京：化学工业出版社
朱明华，胡坪. 2008. 仪器分析. 第四版. 北京：高等教育出版社
GB/T 5009.1－2003 食品卫生检验方法 理化部分 总则
GB/T 5009.3－2010 食品中水分的测定
GB/T 5009.4－2010 食品中灰分的测定
GB/T 5009.5－2010 食品中蛋白质的测定
GB/T 5009.7－2008 食品中还原糖的测定
GB/T 5009.9－2008 食品中淀粉的测定
GB/T 5009.10－2003 植物类食品中粗纤维的测定
GB/T 5009.11－2003 食品中总砷及无机砷的测定
GB/T 5009.12－2010 食品中铅的测定
GB/T 5009.17－2003 食品中总汞及有机汞的测定
GB/T 5009.28－2003 食品中糖精钠的测定
GB/T 5009.29－2003 食品中山梨酸、苯甲酸的测定
GB/T 5009.30－2003 食品中叔丁基羟基茴香醚(BHA)与 2,6-二叔丁基对甲酚(BHT)的测定
GB/T 5009.32－2003 油脂中没食子酸丙酯(PG)的测定
GB/T 5009.33－2010 食品中亚硝酸盐和硝酸盐的测定
GB/T 5009.37－2003 食用植物油卫生标准的分析方法
GB/T 5009.45－2003 水产品卫生标准的分析方法
GB/T 5009.92－2003 食品中钙的测定
GB/T 5009.159－2003 食品中还原型抗坏血酸的测定
GB/T 23490－2009 食品水分活度的测定
SC/T 3011－2001 水产品中盐分的测定